和果子100

日本和果子大好协会 编著

何凝一 译

煤炭工业出版社

·北京·

前言

你与"和果子"有什么样的回忆?

妈妈做的和果子,

第一次在家手工制作的和果子,

为传达心意,亲手送出令朋友备感欣喜的和果子,

孩子缠着你制作的和果子……

在这些回忆里,不仅有对美味的记忆,

还留下了一段段安心、幸福的时光。

现在,店铺里所售的和果子琳琅满目。

但一直流传下来的朴素食材风味和独有的季节感,

才是和果子的真正魅力。

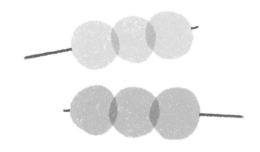

手工制作之物，能让收到的人心情愉悦，

品味怀旧，开心不已。

从简单易学的入门手法，到各种馅料的制作方法，

本书一共介绍了 104 种风味和果子。

无须使用特别的工具，初学者也可以轻松制作，

希望大家在享用美味和果子的同时，也能享受制作时的惬意时光。

目录

● 1杯为200mL，1大匙为15mL，1小匙为5mL。以表面刮平为准进行计量。
● 蒸锅中注入大量水，无特殊说明的话，均是指在冒出大量蒸汽的状态下使用。

在本书介绍的和果子制作方法中，有些食材是平时料理中用不到的，但都非常常见。了解它们的味道和使用技巧后，便能制作出美味的和果子。

小麦粉

制作和果子主要用两种小麦粉。

低筋面粉

谷朊蛋白含量最少，制作出的面团很松软。本书中的小麦粉即是低筋面粉。

中筋面粉（地粉）

在日本国内收获、制作的本地产面粉，俗称地粉，多为中筋面粉。谷朊蛋白含量介于高筋面粉和低筋面粉之间，用于制作馒头和筋道的面团。

糯米

制作年糕和小豆饭所用的米。用水洗净后磨成粉末状，干燥后即糯米粉（用于制作第 84 页的一口外郎、第 88 页的剩饭年糕片）。

粳米

普通的大米。还有用粳玄米磨成的玄米粉。

米粉之家

种类繁多，按原料可分为用粳米制成和糯米制成；按制法可分为经过加热磨粉和未经加热直接磨粉。本书使用的是以下几种米粉。

道明寺粉

糯米用水浸泡一晚，蒸过后进行干燥处理，再磨成颗粒状。颗粒状更有口感，用于制作椿饼之类的和果子。

团子粉

粳米与糯米洗净，干燥后磨成粉，混合而成（比例因和果子品种而异）。既有糯米的黏性和弹力，同时又有粳米的筋道，软硬度适中。搅拌之后揉成圆形，煮熟后便是团子。

白玉粉

糯米用水浸泡一碗，变软后磨碎，然后漂洗，用筛子过滤，使其沉淀，再用热风做干燥处理。慢慢加入水，搅拌均匀，能制作出口感细腻顺滑的面团。多用于制作团子、求肥等。

上新粉

粳米用水浸泡一晚，变软后晒干，磨成粉。搅拌均匀后蒸熟，可以做出具有弹性如年糕一般的面团。用于制作团子、柏饼、草饼等。另一种颗粒更细的则称为上用粉。

葛粉

用野生草本植物根部提取而成的淀粉。奈良县吉野产的吉野葛非常有名。

蕨粉

提取自蕨菜根茎的淀粉。加水搅拌后即可用于制作蕨饼。

黄豆粉

（黄色、青色）

大豆炒香后磨成粉状。黄色使用的是普通大豆，青色则是使用青大豆。

太白粉

从猪牙花的地下茎部分提取而成的猪牙花粉（淀粉）。因为数量稀少，现在能买到的太白粉均是马铃薯淀粉。

精制白砂糖

纯度高，甜味清爽，没有杂味。适合于用低筋面粉制作的和果子，还有突出食材味道的效果。推荐在制作红豆馅和涩皮煮时使用。

砂糖

甜中略微带有一点点杂味，质感比较湿润，适合用来制作团子和年糕。本书所用的砂糖均是上白糖。

水饴

除了增加甜度外，还能起到保持面团柔软度的作用。相比蜂蜜，味道更纯。

蜂蜜

蜂蜜的颜色与风味因花的品种而异。最好使用没有杂味的洋槐蜜和莲花蜜。

精黑砂糖

（黑糖）

具有独特的风味。粉末状容易化解。除了甜味以外，还有一股香醇、质朴的味道。

小苏打

重碳酸钠的别名。可以令面团的颜色泛黄，增加一些特有的风味。要在一定的温度下才有反应。用于制作需要醒面的铜锣烧等。

泡打粉

在小苏打里加入矾和玉米粉所制成的合成膨松剂，能让面团纵向膨胀，适合用低筋面粉制作的和果子，加热后更容易上色。常温下也有反应，因此不适合用来制作需要醒面的和果子。

发酵粉

在小苏打里加入氯化铵等，混合成带有铵根的合成膨松剂，功效与泡打粉相同。能让面团更白，适用于制作馒头等蒸和果子。

豆

红豆 ❶
制作和果子不可或缺的主要材料。红豆味浓郁的善哉、汁粉等都是大家熟悉的和果子。

白四季豆 ❷
白花豆 ❸
两种豆都是用于制作白豆沙馅的白色菜豆。豆皮比红豆皮硬一些，需要用水浸泡一晚后再煮。

红豌豆 ❹
可以用于制作蜜豆。

紫花豆 ❺
菜豆的一种。与砂糖一起煮软后制作成甘煮紫花豆。

其他材料

食用色素
为食品着色的粉末。使用时，取极少量的色素，用水化开后加到面团里。加热后会变深，所以混合时颜色要稍微浅一些。

起酥油
与面团混合后，成品的口感更松软。根据不同的商品，可分为植物性油脂起酥油和掺入动物性油脂的起酥油。

香草油
用于增添香味的油。制作烧果子、炸果子等需要加热的和果子时，可以加入香草油。

肉桂粉
味道香甜的香料，桂皮磨成粉末状。

干艾草 ❶
艾草粉末 ❷
新鲜艾草很难买到，季节不对时可以使用干燥品。另外还有使用起来更加方便的粉末状艾草。

盐渍樱叶 ❸
樱叶用盐浸渍而成。具有特别的香味，用于包樱饼。

叶子

干椿叶 ❹
先用道明寺粉制作的面团包住红豆馅，再用两片椿叶夹住面团，制作成椿饼。细细品味从冬天到初春的季节感。

檞叶 ❺
用来制作柏饼。新鲜檞叶很难买到，可以使用干燥品。

寒天

寒天棒
寒天粉

使液体凝固的凝固剂。寒天的制作方法是将一种名为石花菜的海藻煮过之后，在天冷的时候冻干。分为寒天棒、寒天丝、寒天粉，都可以用于制作水羊羹、寒天豆，但寒天棒更能突出寒天特有的筋道口感和风味。寒天粉是用寒天棒精制而成，使用方便。

新鲜米曲
干燥米曲

米曲

蒸过的米中会产生曲霉菌，发酵食材时可以与其混合。与米饭混合发酵后便是甜米酒。米曲分为新鲜和干燥的两种，新鲜米曲的菌类活跃，必须立即使用。而干燥的米曲是经过脱水干燥而成，菌类的活动已经停止，所以可以长时间保存。

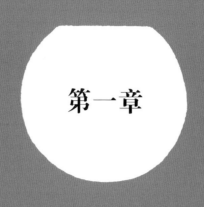

第一章

和果子

食材分门别类，采用手工制作

大多数情况下，日本的传统果子都可以在日本商店中买到。不过，自己试着做做看，你会发现所用的材料竟然出奇的少，而且制作方法也并非都很难。

我们将过去每家每户都会做的和果子整理成人人都可以上手的食谱，按照材料分门别类后介绍给大家。并将基本和果子的制作材料换成不同的食材，制作出不同的变化，尽情享受其中的乐趣吧！

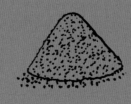

铜锣烧

发酵之后再烘烤。

美味的关键在于：面团充分

子。

用电烤盘制作全家人都爱的和果

❖ 和果子物语【铜锣烧】

如今的铜锣烧是日本明治以后才流行起来的。人们也喜欢将它称为"三笠山"，据说此名的由来是关西地区"百人一首和歌"中的名句"三笠山边月"。如果将面团铺到纸上烘烤，烤出的成品表面带有斑纹，此和果子就被称为虎皮烧、冬云。

材料（直径约8cm，10个的用量）

面团

- 低筋面粉……120g
- 鸡蛋……2个
- 砂糖……80g
- 蜂蜜……1大匙
  - 小苏打……1/2小匙（2g）
  - 水……各1小匙
- 水……40mL

红豆馅

- 红豆粒馅（参照第46页或市售品）……300g
- 水……4大匙
- 蜂蜜……2大匙

色拉油……适量

准备

● 分别筛滤低筋面粉和砂糖。

制作方法

1 鸡蛋在碗中打散，加入砂糖，用打蛋器打发至泛白的状态（图a）。

2 加入蜂蜜、用水溶解的小苏打、分量内的水，混合。

3 加入低筋面粉，搅拌均匀（图b），粉末消失后敷上保鲜膜，在室温下静置30分钟，使其发酵。

4 将制作红豆馅的材料倒入锅中，用中火加热，熬软后冷却，再分成10份。

5 电烤盘（或不粘锅平底锅）加热至120～140℃（低温），涂上一层薄薄的油，然后将1大匙步骤3的面团倒入其中，保持圆形，用小火烘烤（c）。

6 表面半干、出现气泡后翻面，稍微烘烤一下。用此方法烤20块。

7 2块为1组，中间夹入步骤4的红豆馅。

[改良]

果酱迷你铜锣烧

材料（直径约5cm，15个的用量）

面团与铜锣烧相同

蓝莓酱……15大匙

制作方法

用同样的方法制作铜锣烧面团，将1小匙的面团倒在电烤盘表面，保持圆形。烘烤30块，在中间各夹入1大匙蓝莓酱。

a 在鸡蛋中加入砂糖，用力打发至泛白的状态。砂糖充分溶解在鸡蛋中后面团才会更顺滑。

b 用木质刮刀混合面粉，采取切割的方式搅拌。混合后再发酵，面团更具黏性，便于烘烤。

c 将1大匙面团倒在电烤盘上，自然形成直径8cm的圆形。烘烤时留出一定的间距，便于翻面。

[衍生品]

变换烘烤方法

虎皮烧

材料（直径约8m，10个的用量）

与铜锣烧相同

准备

● 边长12cm的正方形烘焙纸10张。

制作方法

用同样的方法制作铜锣烧面团，烘焙纸铺到电烤盘上，再在上面倒入1大匙面团（图a）。任由烘焙纸粘在其中一面，按照铜锣烧的方法烘烤。冷却后再撕掉烘焙纸，即形成虎皮一样的斑纹（图b）。

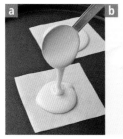

※ 烘焙纸可以重复使用。

樱饼

用薄薄的小麦粉面团烘烤而成的关东风味樱饼。当中加入了少许白玉粉，所以口感比较黏软。

❖ 和果子物语【樱饼】

据说，洋溢着樱叶香气的樱饼起源于江户时代，由位于向岛隅田川堤的长命寺看门人所售。关东风味是用薄如可丽饼的面皮包住红豆沙馅，樱叶选用的是大岛樱，经盐渍加工后再使用。伊豆松崎町地区栽培的大岛樱占到全日本需求量的七成。

材料（20个的用量）

面团

　白玉粉……15g

　水……180 ~ 200mL

　砂糖……40g

　低筋面粉……130g

　食用色素（红）……少许

盐渍樱叶……20片

红豆沙馅（参照第48页或市售品）……500g

色拉油……适量

准备

●分别筛滤低筋面粉和砂糖。

●樱叶用水洗净，除去多余的盐，擦干。

●食用色素用少量的水化开。

●红豆沙馅分成20份，揉成圆柱形。

制作方法

1 白玉粉倒入碗中，慢慢加入分量内的水，使其溶解得更细腻（图a）。

2 加入砂糖，用打蛋器搅拌，再加入低筋面粉，混合均匀。

3 慢慢加入准备好的色素，调至浅粉色（图b）。

4 电烤盘（或不粘锅平底锅）加热至120 ~ 140℃（低温），涂上薄薄的色拉油，用勺背将面团摊开，呈6cm×12cm的椭圆形（图c）。

5 面团表面变干后翻面，稍微烤一下，变干即可。共制作20块。

6 待步骤**5**的面团冷却后，将红豆馅放到内侧，卷好。盐渍樱叶的反面朝外，包好。

a 混合时将白玉粉的颗粒捏碎，使其更细腻。

b 用牙签蘸取用水溶解后的食用色素，一滴一滴地加入面团中。烘烤后颜色会变深，所以要一边观察成品一边上色，颜色要稍微浅一些。

c 用勺子舀起面团，倒在电烤盘上摊开。面团透明即可，没有出现焦黄色也没问题。

・・

衍生品

芝麻红豆馅的

豆沙卷

材料（20个用量）

面团……樱饼中除食用色素以外的其他材料

芝麻豆沙馅

　红豆沙馅（参照第48页或市售品）……500g

　水……5大匙

　黑芝麻粉……5大匙

制作方法

将制作芝麻豆沙馅的材料倒入锅中，搅拌均匀后开火熬制。面皮的制作方法除步骤**3**以外，其余均与上述相同。用芝麻豆沙馅代替步骤**6**的豆沙馅，在整块面皮上涂抹，卷好即可。

蒸糕

白白的、软软的蒸糕，一旦容器和配料发生变化，大小和味道也会随之改变，充满惊喜。

❖ 和果子物语【雁月糕】

日本东北地区盛行的雁月糕也是蒸糕的一种。如此风雅的名字源于其圆形的外形如月亮一般，而撒在表面的芝麻就像雁群一样。明治以后，小苏打和名为"泡打粉"的烘焙发酵粉广为流传，成为家庭烘焙不可或缺的材料。

材料（直径20cm、深10cm的竹篓，1个的用量）

面团

砂糖……120g
水……100mL
低筋面粉……150g
泡打粉……1½小匙
蛋白……1个
色拉油……1大匙

甘纳豆……2大匙

准备

● 筛滤砂糖。
● 低筋面粉和泡打粉混合后筛滤。
● 在竹篓里铺1大张烘焙纸。

制作方法

1 蛋白倒入碗中，用打蛋器打发（图a），分3次加入砂糖，混合。

2 将分量内的水慢慢加入步骤1的蛋液中，然后再将低筋面粉和泡打粉的混合物筛入其中，搅拌均匀（图b）。

3 倒入色拉油，整体轻轻搅拌混匀。

4 将步骤3的面团注入竹篓中（图c），撒上甘纳豆。

5 放到已沸腾的蒸锅中，用中火蒸30～35分钟。

用杯子制作蒸糕

材料（直径6cm、高4cm的杯子，8个的用量）

面团……与蒸糕相同

配料

蜂斗菜茎所做的蜜饯（砂糖煮蜂斗菜）……8cm
干樱桃（糖渍樱桃）……6颗

制作方法

面团倒入杯子中，配料大致切碎后撒入其中，用中火蒸15分钟左右。

a 蛋白用打蛋器打发至可以挂角的状态，这样面团才能与空气充分融合，口感更松软。

b 加入面粉时切勿搅拌。用木质刮刀采取切割的方式混合均匀。

c 一口气将面团注入铺有烘焙纸的竹篓中。烘焙纸要稍微大一些，防止面团粘到竹篓上。

衍生品

用黑糖制作

雁月糕

材料（边长15cm的方形模具，1个的用量）

黑砂糖（粉末）……130g
水……100mL
低筋面粉……150g
泡打粉……1½小匙
蛋白……1个
色拉油……2大匙
炒黑芝麻……1小匙
色拉油（模具用）……少许

制作方法

黑砂糖与水混合后倒入锅中，开火。黑砂糖溶解后冷却，慢慢加入打发的蛋白。然后按照蒸糕的方法制作，将面团倒入涂好油的方形模具中，撒上芝麻，按照上述步骤5的方法蒸好即可。

农家馒头

松软的小麦粉面团包住红豆馅，简单味美的馒头。

一定要趁热吃哦！

❖ 和果子物语【馒头】

馒头的历史相当悠久，据说是由室町时代到中国学习佛学的僧侣传入日本。当时的馅是用煮过的蔬菜制作，咸味。现在这种加入红豆馅的甜味馒头是江户时代砂糖普及后才流行起来的。

材料（8个的用量）

面团

- 砂糖……60g
- 水……35～40mL
- 低筋面粉（或中筋面粉）……120g
- 发酵粉……2g（或泡打粉3g）

红豆沙馅（参照第48页或市售品）……240g

扑面粉（低筋面粉或中筋面粉）……适量

准备

- 筛滤砂糖。
- 低筋面粉与发酵粉混合后筛滤。
- 红豆馅分成8份，揉成圆形。
- 准备8块边长5cm的薄木片（或烘焙纸）。

制作方法

1 砂糖和水倒入碗中，用木质刮刀搅拌。

2 准备好的低筋面粉和发酵粉倒入步骤**1**的液体中，用木质刮刀混匀。

3 在台面上撒些扑面粉，倒出步骤**2**的面团，双手抹上扑面粉，将面团揉软（柔软度比耳垂还要软一些），呈光滑细腻的状态。

4 揉成一团后8等分切开。

5 双手抹上扑面粉，揉圆后压扁，放上红豆馅，包好（图a），调整形状（图b），再放到薄木片或烘焙纸上。

6 在蒸锅里铺上烘焙纸或拧干的蒸笼布，注意间隔距离，将步骤**5**的馒头放入其中，用喷壶喷点水（c），用大火蒸10分钟。

※ 用蒸锅蒸东西时，为了避免蒸的过程中蒸汽水滴落，可以先盖一块拧干的蒸笼布或毛巾，再盖上锅盖。

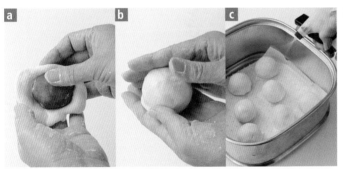

a 面皮压成圆形，放上红豆馅。用手压住红豆馅，拉起周围的面皮聚集于中心，包住馅。

b 接缝口朝下，放到左手掌心，右手放到面团上，横向旋转揉捏，调整出漂亮的外形。

c 蒸之前用喷壶在馒头表面喷点水，这样可以让成品的表面更有光泽。

衍生品

面皮带有味噌味道

味噌馒头

材料（10个的用量）

面团

- 红味噌……15g
- 砂糖……80g
- 水……35mL
- 低筋面粉（或中筋面粉）……120g
- 发酵粉……2g（或泡打粉3g）

红豆沙馅（参照第48页或市售品）……300g

制作方法

红豆沙馅分成10份，揉圆。味噌、砂糖、水倒入碗中，溶解味噌和砂糖（图a），然后按照上述的步骤**2**、**3**的方法制作面团，分成10份，包住红豆沙馅，按照步骤**6**的方法蒸好即可。

艾草馒头

充满春天气息的馒头。新鲜出锅的馒头能让你品尝到特有的香味。

材料（8个的用量）

面团

艾草（煮过后切碎，参照下述方法）……30g

A [低筋面粉……120g
    泡打粉……3g]

B [砂糖……60g
    水……45～55mL]

红豆沙馅（参照第48页或市售品）……240g

扑面粉（低筋面粉）……适量

※ 固体状的干艾草约为1.5g，粉末状的则要多于1.5小匙（多于1g）。

※ 用固体状的干艾草制作时，需要将其泡开、切碎后再使用。

准备

●将A混合后筛滤。

●红豆沙馅分成8份。

制作方法

1 将B倒入碗中，用木质的盛饭勺搅拌，溶解砂糖。

2 在A中加入步骤1的液体与艾草，用切割的方式混合成团。

3 在砧板上撒些扑面粉，放上步骤2的混合食材，用敲打的方式揉至软硬度与耳垂相近即可。

4 将步骤3的面团分成8份，揉成圆形，放到掌心压扁，包住红豆沙馅，再调整好形状（参照第17页）。

5 在沸腾的蒸锅里铺一块湿毛巾，将步骤4的馒头放入锅里，用喷壶喷点水，保持湿润，然后大火蒸10分钟左右。

新鲜艾草的使用方法

从北海道到冲绳，很多地方都有野生的艾草。

如果家里有大量的艾草，建议趁新鲜加工。

◎基本的煮法

艾草的味道非常涩，需要煮过之后才能用于制作和果子。加入一些小苏打，可以让绿色更鲜艳。

1 摘掉蔫掉的叶子，用水洗净。倒入滤网中，滤干水分后切断。

2 用热水煮软艾草，加入少许盐和小苏打（右图），再沸腾一次后倒入滤网中。

3 在水中浸泡15～20分钟，倒入滤网中，滤干水分。

◎冷冻保存

如果短时间内用不完，建议冷冻保存。

1 煮过的艾草用研钵（图a）、刀、料理机捣碎。

2 放入自封袋中（图b），平铺，冷冻。

※ 可以保存半年，使用时自然解冻即可。

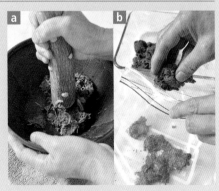

彩色馒头

在馒头的面皮中加入黑糖、可可等自己喜欢的食材，品尝色彩的味道。

d 日本茶

a 黑糖

e 可可

b 番茄

f 咖啡

c 芝麻

材料（各8个的用量）

共同的面团

中筋面粉……100g

小苏打……1/2小匙（2g）

红豆粒馅、红豆沙馅（参照第
46、48页或市售品）……各
200g（25g×8个，揉成圆形）

a 黑糖馒头

黑砂糖……60g

水……50mL

b 番茄馒头

砂糖……60g

水……50mL

番茄酱……10g

c 芝麻馒头

砂糖……70g

水……40m

芝麻粉……1大匙（8g）

d 日本茶馒头

砂糖……70g

水……40mL

袋装日本茶（或较细腻的茶）
……1袋（2g）

e 可可馒头

砂糖……70g

水……45mL

可可……1/2大匙（5g）

f 咖啡馒头

砂糖……70g

水……40mL

速溶咖啡……1小匙（5g）

制作方法都相同，但不同的馒头在面团中加入
食材的时机不同，请参照 ※ 印记处。

制作方法

1 砂糖（**a**为黑砂糖）和水倒入耐热的碗中，用微波炉（500W）加热
40～50秒后取出，搅拌至砂糖溶解。

※ 制作**b**番茄馒头时，在此处加入番茄酱。制作**f**咖啡馒头时，在此处加入速溶
咖啡。

2 混合中筋面粉与小苏打后筛滤到碗中。

※ 制作**c**芝麻馒头与**d**日本茶馒头时，在此处将芝麻和日本茶加到筛滤过的面粉
中。制作**e**可可馒头时，在此处将可可加入面粉中一起筛滤。

3 将步骤**1**的砂糖倒入步骤**2**的碗中，用硅胶刮刀搅拌至粉末消失。

4 面团会粘在手上，因此需要在台面上多撒一些扑面粉（低筋面粉或中
筋面粉均可），用勺子将其分成8份（1个25g左右），撒上面粉后揉成
圆形。

5 撒上扑面粉，将步骤**4**的面团轻轻压扁，揉圆的红豆沙馅放到正中
央，包好（参照第17页）。

6 根据馒头的情况准备好纱布或剪好的烘焙纸，将其铺在用于蒸馒头的
容器上。将步骤**5**的馒头接缝口朝下，放入蒸馒头的容器。

7 步骤**6**的容器放到沸腾的蒸锅里，用中火蒸6～7分钟。

8 蒸好后用团扇快速扇动馒头，表面呈现光泽后再取出。

砂糖水与面粉、食材的混合时机非常重要。

制作**b**、**f**时，先在砂糖水中加入食材，溶解后（图a）再加入粉类。

制作**c**、**d**、**e**时，将所有的粉类混合之后再加入砂糖水（图b）。

可以按个人喜好
选择红豆沙馅或
红豆粒馅。

里面全是
红豆馅。

花样馒头

一眼看上去是普通的馒头，但里面可是另有乾坤，只有做馒头的人才知道的秘密味道。看到大家吃到时脸上惊讶的表情，也是一种乐趣。

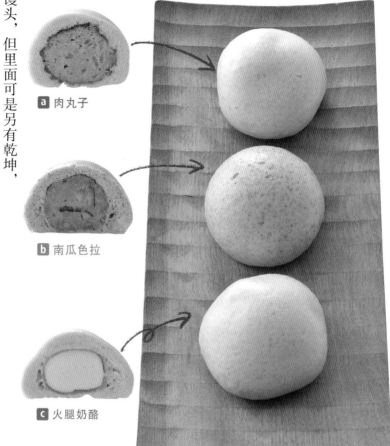

可以用做便当的咸味馒头

a 肉丸子

b 南瓜色拉

c 火腿奶酪

基本面团

（与第23页相同）各8个的用量

砂糖……70g
水……40mL
中筋面粉……100g
小苏打……1/2小匙（2g）

材料（各8个的用量）

a 肉丸子

洋葱……1/2个

A
- 猪肉末……250g
- 鸡蛋……1个
- 面包粉……3大匙
- 盐、胡椒……各少许

油、炸油……各适量

b 南瓜色拉

南瓜……200g

B
- 核桃（磨碎）……10g
- 蛋黄酱……1大匙
- 盐、胡椒……各少许

c 火腿奶酪

再制奶酪（切成边长2cm的块状）……8片
绿紫苏……8片
小份生火腿……8片

制作方法

1 准备馅（配料）。

a 肉丸子

洋葱切碎、炒好，与A混合，分成8份后揉成圆形，过油炸。

b 南瓜沙拉

① 南瓜切成2cm的块状，用保鲜膜包好，放入微波炉（500W）加热3分钟左右，使其变软。

② 热气散去后压碎，与B混合。

③ 分成8份，揉成2cm的圆形。

c 火腿奶酪

用切成两半的绿紫苏和生火腿包住奶酪。由于奶酪在表面容易化开，所以尽可能用生火腿将其包住。

2 均按照第21页的方法制作面团，包好后按照步骤**6~8**的方法蒸好。

※ 制作南瓜色拉的面团时，在步骤 **2** 加入 1/2 小匙咖喱粉，制作出香料味浓郁的小食。

材料（各8个的用量）

d 巧克力红豆馅

自己喜欢的巧克力……8个

红豆馅（参见第46、48页或市
售品）……15g×8个

e 红薯苹果

红薯……200g

苹果酱……80g

f 奶酪柿干

小块干柿……8个

奶油奶酪……10g×8块

d 巧克力红豆馅

e 红薯苹果

f 奶酪柿干

适合用做甜点的
甜味馒头

制作方法

1 制作馅（配料）。

d 巧克力红豆馅

① 用巧克力包住红豆馅，揉成直径2cm的圆形。

※ 圆形的巧克力比较容易包，如果是方形，要先将周围的红豆馅揉
成圆形。还可以加入坚果、脆米、生巧克力，让味道更丰富美味。

e 红薯苹果

① 红薯去皮，稍微厚一些。然后切成2cm的块状，加入
水，没过红薯，开火煮。

② 煮至绵软后，倒干汤汁。红薯捣碎，蒸发多余的水分，
关火。

③ 加入果酱，用叉子捣碎、混合。如果变稀了，可以用小
火熬一下，软硬程度与粒状的红豆馅相近即可。

f 奶酪柿干

① 柿子去蒂，中心划出切口。如果有核，将其取出。

② 奶油奶酪涂在中心，用柿子的果肉包成圆形。

※ 如果柿干太大，可以将果肉切开，铺到保鲜膜上，再放上奶酪，
包好。如果奶酪露在外面，蒸的时候会化开，所以要用柿子包好。

2 均按照第21页的方法制作面团，包好后按照步骤6~8的
方法蒸好。

※ 制作红薯苹果时，用与砂糖分量相同的黑砂糖制作面
团。

小麦粉制作的和果子

新鲜出炉的简单美味

简单馒头

煮羊栖菜与甘煮黑豆

材料

羊栖菜（干）……20g
胡萝卜……30g
油……少许
A ┌ 高汤……150mL
  │ 酱油……1/2大匙
  └ 甜料酒……2大匙
甘煮黑豆……18颗

制作方法

1 羊栖菜泡开后切碎，胡萝卜切成细丝，过油翻炒，加入A调味，炒至汤汁收干。滤干汤汁后取出30g，切碎。

2 制作方法与第25页"樱花虾和鱼糕"的步骤2相同。

3 将中筋面粉与泡打粉混合，筛入步骤2的蛋液中。加入步骤1，搅拌至粉末消失。

4 将面团注入纸模具中，八分满，再放上黑豆。

5 放到沸腾的蒸锅中蒸10分钟。

甘薯和羊羹

材料

甘薯……80g
日本茶的茶叶……1大匙
羊羹……1.5cm的小块×7块
花朵形的羊羹……7个

制作方法

1 甘薯切成5mm的小块，不要煮得太软。如果茶叶太大应先切碎。

2 制作方法与第25页"樱花虾和鱼糕"的步骤2相同。

3 将中筋面粉与泡打粉混合，筛入步骤2的蛋液中。加入茶叶，搅拌至粉末消失。

4 放入甘薯，将面团注入纸模具中，八分满。接着把切成块状的羊羹放到正中央，埋进面团里。

5 放到沸腾的蒸锅中蒸10分钟。最后趁热放上花朵形的羊羹。

基本面团
（6种通用）
❶~❹为6个的用量，❺、❻为7个的用量

鸡蛋……1个（与水混合成100mL）
砂糖……50g
色拉油……1小匙
中筋面粉……100g
泡打粉……1/2小匙

准备用具

底边直径约为5cm的纸模具。如果纸模具太薄，可以将面团倒入布丁模具或小茶碗中。

南瓜和橘皮果酱

材料

南瓜……100g
橘皮果酱……7小匙

制作方法

1 南瓜切成7mm的小块，不要煮得太软。

2 制作方法与第25页"樱花虾和鱼糕"的步骤2相同。

3 将中筋面粉与泡打粉混合，筛入步骤2的蛋液中，搅拌至粉末消失。

4 放入南瓜，将面团注入纸模具中、八分满。放到沸腾的蒸锅中蒸10分钟。

5 最后趁热将橘皮果酱放到中央。

樱花虾和鱼糕

材料（各8个的用量）

樱花虾……5g
青海苔……1小匙
白芝麻……1小匙
鱼糕……2小根

制作方法

1 樱花虾大致切碎，鱼糕3等分切开。

2 鸡蛋与水混合，倒入碗里打散。加入砂糖，搅拌至颗粒感消失。再加入油，混合均匀，使其完全融入蛋液中（其他馒头也用同样的方法制作）。

3 将中筋面粉与泡打粉混合，筛入步骤2的蛋液中。加入青海苔、白芝麻，搅拌至粉末消失。

4 放入樱花虾，将面团注入纸模具中，八分满。接着把鱼糕放到正中央，埋进面团里。

5 放到沸腾的蒸锅中蒸10分钟。

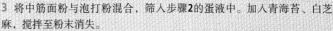

毛豆和奶酪

材料

毛豆……80g
再制奶酪……6个（1个馒头使用8g左右的圆形奶酪）

制作方法

1 毛豆用水煮过之后大致切碎。如果奶酪太大，可以切成1.5cm的小块，准备6个。

2 制作方法与"樱花虾和鱼糕"的步骤2相同。

3 将中筋面粉与泡打粉混合，筛入步骤2的蛋液中，搅拌至粉末状消失。

4 放入毛豆，将面团注入纸模具中，八分满。接着把再制奶酪放到正中央，埋进面团里。

5 放到沸腾的蒸锅中蒸10分钟。

玉米和香肠

材料

荷兰芹（切碎）……1大匙
玉米粒……50g
迷你法兰克福香肠……6根

制作方法

1 罐装玉米需要先滤汁，冷冻玉米可以先放到热水中解冻。

2 制作方法与"樱花虾和鱼糕"的步骤2相同。

3 将中筋面粉与泡打粉混合，筛入步骤2的蛋液。然后加入荷兰芹，搅拌至粉末状消失。

4 放入玉米，将面团注入纸模具中，八分满。接着把香肠放到正中央，埋进面团里。

5 放到沸腾的蒸锅中蒸10分钟。

御手洗团子和红豆团子

御手洗团子和红豆团子都是用上新粉和砂糖制作而成。将蒸过的面团揉成圆形即可，方法非常简单。

❖ 和果子物语【御手洗团子】

京都下鸭神社御手洗祭的团子远近驰名，这也是此果子的名字由来。另外，据说每串5个团子是表示人的五体。甜辣口味的黏稠酱汁是关西的主流口味，日暮里的羽二重团子等清淡的酱油口味则是关东的口味。

材料（各4串的用量）

面团
- 上新粉……200g
- 砂糖……20g
- 温水……160～180mL

御手洗团子（4串的用量）

A
- 酱油……40mL
- 甜料酒……15mL
- 砂糖……70g
- 水……50mL

太白粉……1大匙

水……1大匙

红豆团子（4串的用量）

B
- 红豆沙馅（参照第48页或市售品）……120g
- 水……50mL
- 砂糖……1大匙

准备

● 竹扦的顶端稍微削尖一点，放入水中浸泡30分钟左右。

制作方法

1 上新粉和砂糖倒入碗中，慢慢加入温水，同时用手揉匀，硬度与耳垂相近即可。

2 在蒸锅里铺上烘焙纸或拧干的湿毛巾，将步骤1的面团撕成小块后放入其中（图a）。蒸锅沸腾后，用大火蒸20分钟左右。

3 蒸好后放入冷水中降温（图b）。

4 从水中捞起来，用拧干的湿毛巾包住，充分揉匀，使其变得顺滑（图c）。

5 将步骤4的面团分成两份，一边转动面团，一边将其揉成棒状，16等切开，共计32个。

6 手上稍微蘸一点水，将面团揉成圆形。

7 用浸湿的竹扦插入团子中，每串4个，共计8串。

8 制作御手洗团子。将A倒入锅中，煮沸后加入用水化开的太白粉，使其变得浓稠。

9 制作红豆团子。将B倒入锅中，稀释至顺滑后开火熬2～3分钟。

10 取步骤7中的4串团子，调整形状，将表面压平。放入加热好的烤网上，两面烤得略微焦黄后，立刻涂上御手洗团子的酱汁。

11 剩余的4串涂上步骤9的红豆沙馅。

※ 步骤 **6** 沾湿两手的水中最好加入少许砂糖，化开后再使用。

a 揉好面团，硬度与耳垂相近，撕成小块后放入蒸锅中蒸。撕成小块后能使面团尽快蒸透。

b 放入水中能迅速降温，制作出的团子口感更佳。如果蒸锅中铺入的是毛巾，蒸好后可以连着毛巾一起浸入水里。

c 用毛巾包住，避免粘手。充分揉匀，使面团变得顺滑。

衍生品

酱油香味四溢

紫菜烤团子
酱油味烤团子

材料（各10串的用量）

①紫菜烤团子
- 面团……与御手洗团子相同
- 酱油……适量
- 烤紫菜……2½片（每片4等分切开）

②酱油味烤团子
- 面团……与御手洗团子相同
- 酱汁
  - 酱油……50mL
  - 甜料酒……2大匙

准备

按照御手洗团子的方法各准备10根竹扦。

制作方法

①②的面团均是按照御手洗团子的方法制作。分别制作30个，揉成圆形。每根竹扦上穿3个，放到烤网上烤一下。

用刷子在①上刷几次酱油，再用紫菜包好。

待②烤至焦黄后，用刷子涂2～3次酱汁。

上新粉
制作的和果子

草饼

将艾草的香味、颜色、营养融为一体的春天的味道。上新粉充分揉匀能让草饼的口感更佳。

❖ 和果子物语【草饼】

掺入艾草等草叶的年糕。艾草具有独特的香味，人们认为它可以辟邪、消灾，曾出现于日本平安时代和泉式部的诗歌中。到了江户时代，草饼被作为女儿节的节庆点心广为流传。历史上也曾用鼠曲草代替艾草来制作草饼。

材料（10个的用量）

面团

┌ 上新粉……150g
│ 温水（40℃）……约150mL
│ 砂糖……30g
└ 艾草叶（生）……80g（固体干艾草约4g，粉末约3g）

红豆沙馅（参照第48页或市售品）……150g

黄豆粉……适量

盐……少许（新鲜艾草使用）

准备

●准备80g艾草叶，煮后切碎（参照第19页）。
●固体状的干艾草需泡开后再使用。
●红豆沙馅分成10份，揉圆。

制作方法

1 上新粉倒入碗中，慢慢加入温水，揉匀，硬度与耳垂相近（图a）。

2 在蒸锅中铺上烘焙纸或拧干的湿毛巾，将步骤**1**的面团撕成大块后放到锅里，注意不要相互重叠。

3 从蒸锅冒出大量的蒸汽后计时，大火蒸15分钟。

4 将步骤**3**蒸好的面团倒入装有艾草的研钵中，用木质研杵混合面团与艾草，期间分3次加入砂糖。

5 用木质研杵捣碎，混合均匀（图b）。变软之后再用手揉捏，使其更顺滑。

6 步骤**5**的面团揉成棒状，用硅胶刮刀分成10份，揉成圆形。手上沾点水，将面团拉长成椭圆形，包住豆沙，接缝处合拢（图c）。放到盘子里，撒上黄豆粉。

※ 使用粉末状的干燥艾草时，在制作方法的步骤 1 中将其与上新粉混合。
※ 步骤 6 沾湿两手的水中最好加入少许砂糖，化开后再使用。

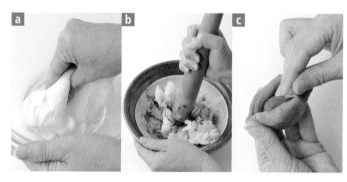

a 在上新粉中慢慢加入 40℃左右的温水，用手揉匀，硬度与耳垂相近。

b 混合艾草与年糕面团时，使用研钵可以切断纤维，更容易融合。

c 揉圆的红豆沙馅放到椭圆形的面团上。压住红豆沙，同时将四周捏合，接缝处合拢。

衍生品

用面团便可轻松制作

草团子

材料

面团……与草饼相同
黄豆粉……适量
黑糖蜜（参照第54页或市售品）……适量

制作方法

制作草饼面团，拉长为直径2～3cm的棒状，用硅胶刮刀切成适口大小。放到盘子里，撒上黄豆粉和黑糖蜜。

柏饼

用红豆粒馅、红豆沙馅两种馅制作柏饼，再分别用柏叶的正反面包好，一眼就能分辨出来。

❖ 和果子物语【柏饼】

柏树（日本称为柏树，中国称为槲树）的新芽长出之后，旧的叶子才会掉落，武士和商人认为这是"守护家人平安，子孙繁荣"的寓意，后来柏饼也成为端午节食用的和果子。江户时代出现了红豆馅、味噌馅，分别用叶子的正反面区分不同的柏饼。

材料（16个的用量）
面团
┌ 上新粉……260g
│ 温水……约240mL
│ ┌ 太白粉……1⅓大匙
│ └ 水……2大匙
│ 砂糖……60g
└ 盐……少许
红豆粒馅（参照第46页或市售品）……160g
红豆沙馅（参照第48页或市售品）……160g
柏叶（干燥）……16片

准备
● 柏叶用热水煮5分钟，然后用水浸泡20～30分钟，中途换几次水（去除涩味的同时还可以泡开树叶），然后再擦干水。
● 红豆馅分成8份，揉成圆形。

制作方法
1 上新粉倒入碗中，慢慢加入温水，同时用手混合揉匀，硬度与耳垂相近。
2 在蒸锅里铺上烘焙纸或拧干的湿毛巾，将步骤1的面团撕成小块后放入其中（图a），用大火蒸20分钟左右。

3 面团蒸好后放入碗中，加入水溶的太白粉（图b），再加上砂糖、盐，用木质研杵搅拌混合。散热后捏成光滑的年糕状。
4 将面团捏成棒状，用硅胶刮刀切成16份，揉成圆形。
5 两手蘸上水，先将面团捏成长椭圆形，再调整成椭圆形，包住馅（图c）。用力压紧面团的接缝处，合拢。
6 在蒸锅里铺上烘焙纸或拧干的湿毛巾，将步骤5的面团放入其中。蒸锅沸腾后，用大火蒸4～5分钟。取出来散热。
7 柏叶的反面朝上，放上红豆粒馅。红豆沙馅则放在正面朝上的柏叶上，包好。

※ 步骤5沾湿两手的水中最好加入少许砂糖，溶解后再使用。

a 面团的中央稍微凹陷一点，摆放时切勿重叠，放入沸腾的蒸锅里蒸20分钟。

b 加入水溶的太白粉，使整体更容易黏合，面团更容易变软。

c 面团拉长成椭圆形，沿纵长方向放在手掌上，将揉圆的馅放到中央，对折包好。

衍生品

中间为味噌馅
味噌豆沙柏饼

材料（8个的用量）
面团……柏饼用量的一半
食用色素（红）……少许
味噌豆沙馅
┌ 白豆沙馅（参照第50页或市售品）……160g
│ 砂糖……1大匙
│ 水……2大匙
└ 白味噌（甜）……16g
柏叶（干燥）……8片

制作方法
1 将制作味噌豆沙馅的材料倒入锅中，混合后用中火熬制，硬度与豆沙馅相当，再将其分成8份。
2 制作柏饼面团。在面团中加入用水化开的食用色素，使面团变成浅粉色（参照第17页）。分成8份，先用拉长的面团包住味噌豆沙馅，再用柏叶包好。

山药糕

用大和芋制作的健康点心。
口感绵密，口味独特，非常具有人气。

❖ 和果子物语【山药糕】

鹿儿岛的特产，是用日本薯蓣和米粉制作的松软的蒸和果子。最早出现在江户时代元禄年间的记录里。之后，逐渐被用于婚礼、新年等特别日子。幕府末期，岛津齐彬从江户招募了一些和果子手艺人，自此才形成了现在和果子的雏形。

材料（边长15cm的方形模具，1个的用量）
面团

┌ 大和芋（去皮）……100g
│ 水……60mL
│ 蛋白……1个
│ 砂糖……80g
│ 上新粉（或米粉）……100g
└ 泡打粉……1小匙
色拉油（模具用）……少许

准备
● 上新粉与泡打粉混合，进行筛滤。
● 在模具内侧涂上一层薄薄的色拉油。

制作方法
1 大和芋去皮，用细密的削皮器磨碎，加入水稀释。
2 蛋白倒入碗中，用打蛋器打发（图b），砂糖分3~4次加入其中，搅拌均匀。
3 将步骤**1**的大和芋加入步骤**2**的碗中，混匀。
4 将上新粉和泡打粉筛入碗中（图c），搅拌均匀后注入模具中。
5 放入沸腾的蒸锅中，用中大火蒸35~40分钟。
6 蒸好后，趁热从模具中取出来，放到冷却网上冷却。

a 用水稀释大和芋泥，与打发之后的蛋白更容易混合。

b 蛋白打发至可以竖起尖角的状态，使其整体蓬松细腻。如果喜欢厚重的口感，将蛋白打发得软一些也可以。

c 在面团中添加上新粉和泡打粉时，用筛滤的方法可以使粉类与空气结合，效果更好。

衍生品

面团与馅混合

红豆山药糕

材料（边长15cm的方形模具，1个的用量）
面团……与山药糕相同
红豆粒馅（参照第46页或市售品）……70g

制作方法
用分量内的60mL水稀释红豆粒馅，再加入磨碎的大和芋，混合。接着按照上述步骤**2**之后的方法继续制作。

白玉粉 制作的和果子

白玉团子 配红豆

只需将面团煮一下即可，非常简单。中央呈凹陷状，可以更快熟透，缩短煮制时间。

白玉团子 配抹茶炼乳

❖ 和果子物语【白玉粉】

作为制作白玉团子的主材料，白玉粉是将糯米多次清洗、脱水、磨碎、干燥制作而成的。因为天冷的时候会用清水冲洗，所以也称为"寒晒粉"。用糯米制作的还有糯米粉，但白玉粉的颗粒更细腻，因此制作出的团子口感更顺滑。

白玉团子配抹茶炼乳

材料（4人份的用量）
面团……与白玉团子配红豆相同
抹茶炼乳
[炼乳（加糖）……1/2杯
  抹茶……2小匙
  水……2小匙

制作方法
抹茶用水化开，加入炼乳中，搅拌均匀，制作出抹茶炼乳。面团揉成圆形，煮过后冷却。将团子盛到碗里，浇上抹茶炼乳。

白玉团子配红豆

材料（4人份的用量）
面团
[白玉粉……100g
  水……100mL

煮过的红豆[参照第46页（与红豆粒馅制作方法的步骤6相同）或市售品]……8大匙

制作方法
1 白玉粉倒入碗中，慢慢加入水，搅拌至颗粒消失，用力揉捏，硬度与耳垂相近（图a）。
2 面团撕成一口的大小，揉成圆形。
3 用手指轻轻在步骤2的面团上压出凹槽（图b）。煮至团子浮起来后再煮1～2分钟（图c），放入冷水中冷却。
4 滤干水后放到碗里，浇上煮过的红豆。

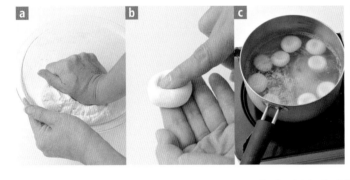

a 用力揉捏，可以让团子的口感更好。水与白玉粉的用量基本相同，和面时一边观察一边慢慢加入。

b 放入热水中时，先在面团的中央压出凹槽。厚度均匀，受热均衡，很快便可煮熟。

c 白玉团子熟透后就会浮起来，然后再煮1～2分钟。

衍生品

生姜风味内馅
白玉团子配姜蜜

材料（8个的用量）
面团……与白玉团子配红豆相同
红豆沙馅（参照第48页或市售品）……160g（20g×8）
姜蜜（参照第54页）……适量

制作方法
面团分成8份，包住馅，用热水煮熟后放入冷水中降温冷却（参照白玉团子配红豆步骤3），浇上姜蜜后即可食用。

黄莺饼

用细腻顺滑的求肥面团制作而成。求肥面团除了可以做黄莺饼以外，还可以在里面加入自己喜欢的食材，品尝不同味道的乐趣。

❖ 和果子物语【黄莺饼】

青豆粉撒在柔软的年糕上，看起来像黄莺一样，是一款象征春天的和果子。夏天可以在年糕里加入毛豆，秋冬则加入核桃、芝麻、柚子，可以搭配的食材各种各样。

材料（10个的用量）
求肥面团
┌ 白玉粉……50g
│ 水……100mL
│ 砂糖……80g
└ 水饴……20g
红豆沙馅（参照第48页或市售品）……200g
青豆粉……适量

准备
●红豆沙馅分成10份，揉成圆形。
●将青豆粉筛滤到烤盘里。

制作方法

1 白玉粉倒入碗中，加水，用手搅拌至顺滑状。再用打蛋器混合，使面团充分溶解，更顺滑。

2 步骤1倒入锅中，用小火加热。用木质刮刀搅拌，防止变焦。

3 搅拌成泡沫状，出现弹性后将砂糖分3～4次加入其中，继续搅拌。

4 砂糖化开、面团出现年糕般的黏性后再加入水饴，混合后即是求肥面团。

5 待步骤4的求肥面团搅拌完成后，趁热移到放有青豆粉

的烤盘里（图a）。

6 散热后，将面团捏成棒状，在整个表面撒上青豆粉。用硅胶刮刀将面团分成10份（图b），在手上沾一些青豆粉，将面团压成薄薄的圆形，包住馅。

7 接缝处朝下，调整成椭圆形。用手指捏住两端（图c），将其捏成黄莺的形状。

8 用茶筛在黄莺饼上筛上青豆粉即可。

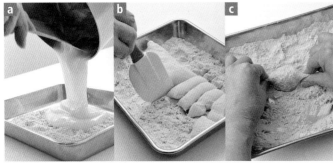

a 面团出现黏性后趁热迅速移到装有青豆粉的烤盘中。

b 面团捏成棒状，表面撒上青豆粉，再用硅胶刮刀切成10份。

c 包住馅，放在青豆粉上，手指捏住两端，调整成黄莺的形状。

衍生品

在面团中混入柚子和核桃
柚子饼、核桃饼

①柚子饼

材料（适量）
面团……与求肥面团相同
柚子皮碎末……1/3个
食用色素（绿）……少许
青豆粉……适量

制作方法
按照上述步骤**1**的方法，在化开白玉粉时加入微量的水溶色素（参照第13页），将面团染成浅绿色，然后在步骤**4**中加入水饴和柚子皮碎末。接着用手撕成一口的大小，调整成圆形，再撒上青豆粉。

②核桃饼

材料（适量）
面团……与求肥面团相同
核桃（炒香磨碎）……30g
太白粉……适量

制作方法
按照上述的方法，在步骤**4**中同时加入水饴和核桃。再放入装有太白粉的烤盘中，用手捏成棒状，冷却。之后再撒上太白粉，切成适口大小。

道明寺粉
制作的和果子

椿饼

用粗糙颗粒感的道明寺粉制作而成。让道明寺粉充分吸收温水后泡开，这一步非常重要。

❖ 和果子物语【道明寺粉】

制作椿饼和关西风味樱饼必不可少的材料。糯米蒸过之后进行干燥处理，再粗磨成颗粒大小均等的米粉，即道明寺粉。糯米特有的粘糯口感是道明寺粉的魅力。大阪尼寺、道明寺制作的干饭是其名字的由来。

材料（10个的用量）
面团
- 道明寺粉……100g
- 水……约100mL
- 砂糖……25g
- 盐……少许

红豆沙馅（参照第48页或市售品）……150g
椿叶……20片

准备
- ●红豆沙馅分成10份，揉成圆形。
- ●椿叶洗净，擦干水分，去掉叶尖和叶柄。

制作方法

1 道明寺粉倒入碗中，慢慢注入水，混合（图a）。敷上保鲜膜，放置30分钟，充分吸收水分。

2 在蒸锅里铺上烘焙纸或拧干的湿毛巾，将步骤1的面团放入其中。蒸锅沸腾后，用大火蒸15分钟。

3 蒸好的面团移到碗里，加入砂糖、盐，用切割的方式混合至道明寺粉的颗粒消失（图b）。

4 将步骤3的面团分成小份，放到沸腾的蒸锅里，用大火蒸5分钟左右。

5 步骤4的面团倒入碗中，散热。两手蘸上水，将面团撕成10份。

6 将步骤5的小面团揉圆后压扁，包住馅，再调整成椭圆形。最后用两片椿叶夹好。

※ 步骤 5 沾湿两手的水中最好加入少许砂糖，溶解后再使用。

a 在道明寺粉中慢慢加入水，混合。混合后敷上保鲜膜，放置 30 分钟，泡开。

b 手拿硅胶刮刀，用切割的方法搅拌至颗粒消失，再与砂糖、盐混合。

c 蒸好的面团非常烫，两手蘸水后再将其撕成 10 份。

【衍生品】

染成粉色，用樱叶包裹
关西风味的樱饼

材料（10个的用量）
面团……与椿饼相同
食用色素（红色）……少许
红豆沙馅……与椿饼相同
盐渍的樱叶（用水轻洗，擦干水分）……10片

制作方法
按照上述步骤1的制作方法，在水中加入微量的红色食用色素，化开后形成极浅的粉色。步骤5之前的制作方法均相同，到步骤6时，用小面团包住馅后，再用盐渍的樱叶包好即可。

蜜豆

用水化开寒天，凝固后浇上黑蜜或白蜜，也可以配上水果……品尝不同甜度带来的快乐。

寒天豆

❖ 和果子物语【蜜豆】

蜜豆始于江户时代，但真正风靡起来是在明治中期。当时，浅草的舟和店在"蜜豆大厅"出售用精致银碗装盛的蜜豆，颇受人们喜爱。昭和初期，在银座若松店推出了馅蜜，刚开始仅为年轻人喜欢，而后逐渐被大众接受。

寒天豆

材料（边长15cm的方形模具，1个的用量）
寒天棒……1/2根（5g）或寒天粉4g
水……600mL
盐豌豆（参照第51页或市售品）……150g
黑蜜（参照第54页或市售品）……适量

准备
●寒天棒清洗后，用大量的水（分量外）浸泡1小时~1晚，泡开。

制作方法
1 锅中倒入水，将泡开的寒天棒滤干水分，拧干、撕碎后放入锅中，一边搅拌混合，一边用中火煮化（图a）。
2 寒天完全化开后，用细密的滤网过滤（图b）。
3 用水浸湿模具，注入步骤2的寒天液（图c）。置于室温中，凝固后再放到冰箱中冷藏。
4 从模具中取出寒天，切成1cm的块状。
5 将步骤4的寒天和盐豌豆倒入碗中，浇上黑蜜。

蜜豆

材料（4人份的用量）
寒天棒……1/2根（5g）或寒天粉4g
干杏……4个
A ┌ 水……1/2杯
  └ 砂糖……3大匙
奇异果……1个
盐豌豆（参照第51页或市售品）……60g
白蜜（参照第54页或市售品）……适量

制作方法
1 将干杏、A倒入锅中，煮2~3分钟。
2 奇异果去皮，用十字切的方法切成1cm厚的片状。
3 将切成1cm块状的寒天、步骤1的干杏、步骤2的奇异果、盐豌豆倒入碗中，浇上白蜜。

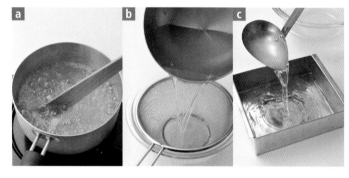

a 寒天棒完全泡开后，撕碎放入水中，将其完全煮化。

b 寒天煮化后，用滤网过滤，使其更顺滑，之后再使用。

c 模具用水浸湿后，将寒天液注入模具中，凝固。

衍生品

杯装伴手礼
水果寒天

材料（150mL塑料容器，4个的用量）
寒天棒……1/2根（5g）或寒天粉4g
水……600mL
精制白砂糖……150g
橘子（罐头）……12瓣
奇异果……1个
薄荷叶（可选）……少许

制作方法
按照寒天豆步骤1的制作方法将寒天完全煮化，加入精制白砂糖，煮化后过滤。然后将寒天液注入杯子中，高度约为1/3，在室温下放至稍稍凝固后，加入橘子和切成一口大小的奇异果，再注入剩余的寒天液，置于室温下凝固后，放入冰箱中冷藏。还可以放上薄荷叶装饰。

水羊羹

口感光滑，甜度适中，是盛夏最佳的降暑点心。
除了用方形模具固型以外，还可以用其他容器制作。

❖ 和果子物语【寒天】

寒天是制作水羊羹的主要材料，是将名为石花菜的海藻煮化后凝固成"凉粉"，再进行冷冻、脱水、干燥后制作而成。江户时代，在幕府供职的岛津公到旅店住宿，旅店的主人将凉粉放在室外后忘记了，几天后拿回时已成干物，据说这就是寒天的起源。

材料（边长15cm的方形模具，1个的用量）
寒天棒……1/2根（5g）或寒天粉4g
水……500g
砂糖……60g
红豆沙馅（参照第48页或市售品）……300g

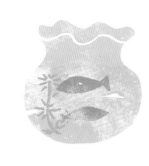

准备
●寒天棒清洗后，用大量的水（分量外）浸泡1小时～1晚，泡开。

制作方法
1 锅中倒入水，将泡开的寒天棒滤干水分、拧干、撕碎后加入锅中，一边搅拌混合，一边用中火煮化。
2 寒天完全化开后，加入砂糖。砂糖化开后用细密的滤网过滤。
3 将步骤2的寒天倒入锅中，慢慢加入红豆沙馅，同时用中火加热，混匀（图a）。红豆沙馅化开后，继续搅拌，煮至刚刚沸腾的状态。
4 连锅一起放入冷水中，继续搅拌，散热（图b）。
5 待步骤4的寒天液冷却后，注入用水浸湿的模具中（图c），置于室温下。之后再放到冰箱里冷藏，食用时切开即可。

a 开火后慢慢将红豆沙馅加入顺滑的寒天液中，逐渐化开。

b 加入红豆沙馅的寒天液放到冷水中（使用保冷剂更方便），降温的同时继续搅拌，防止沉淀。

c 热气散去，稍微变黏稠后注入用水浸湿的模具中。

衍生品

抹茶味的杯装
抹茶羊羹

材料（成品为450mL，6杯的用量）
寒天棒……1/4根（少于3g）或寒天粉2g
水……450mL
砂糖……50g
白豆沙馅（参照第50页或市售品）……200g
A ┌温水……2大匙
  │砂糖……1大匙
  └抹茶……1大匙

制作方法
先按照水羊羹步骤1、2的方法制作，再按步骤4的要领化开白豆沙馅，然后加入混合好的A，搅拌均匀。放入冷水中，凝固后放到冰箱里冷藏。

甘薯羊羹

甘薯出产时节里一定要制作的和果子，体味不同品种在味道、颜色上的差异。

❖ 和果子物语【**甘薯羊羹**】

甘薯、栗子、南瓜是多数女性喜爱的食物。甘薯羊羹始于明治末期，制作方法简单，深受欢迎。此外，用甘薯制作的和果子还有大学芋、即食团子、薯饼、干红薯条、红薯甘纳豆、鬼馒头等。

材料（边长15cm的正方形模具，1个的用量）
甘薯……500g
寒天棒……1/4根（多于3g）或寒天粉2g
水……250mL
砂糖……120g

准备
●寒天棒清洗后，用大量的水（分量外）浸泡1小时~1晚，泡开。

制作方法
1 甘薯切成2cm厚的片状，去皮，稍微厚一些。然后用水漂洗，除去涩味（图a）。
2 甘薯浸泡在大量的水中（分量外），开火煮沸后把水倒出来，再加水，煮软后滤去热水。
3 趁热将甘薯迅速捣碎、过滤（图b）。
4 锅中放入水和泡开拧干的寒天棒，煮化。加入砂糖，化开后过滤，然后再倒回锅里。
5 将步骤3的甘薯加到步骤4中，搅拌均匀（图c），放到冷水中散热。然后注入用水浸湿的模具里，凝固后再放到冰箱里冷藏。

※ 如果选用紫色的甘薯做材料，便可制作出紫薯羊羹。

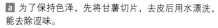

a 为了保持色泽，先将甘薯切片，去皮后用水漂洗，能去除涩味。

b 一定要趁热将甘薯捣碎、过滤。因为冷掉后会出现细丝，影响口感。

c 砂糖化开后，再将细腻的甘薯加到过滤后的寒天液中，混合。

加入小块杏肉
杏肉甘薯羊羹

材料（茶杯10个的用量）
与甘薯羊羹的材料相同
杏干……10颗

制作方法
1 杏干放入耐热的容器中，注入水。敷上保鲜膜，用微波炉（600W）加热2分钟，大致切碎。
2 按照上述方法的步骤1~5制作，保鲜膜剪成大块，铺到茶碗中。再注入制作好的面团，放上步骤1的杏肉（图a），捏成茶巾的形状，开口处用皮筋固定，冷却凝固。撕掉保鲜膜，放到盘子里。

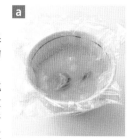

豆类和果子

红豆粒馅

先来学一学红豆粒馅的制作方法吧！
但手工制作的味道更胜一筹。
也有方便使用的市售品，
日式和果子中不可或缺的馅料。

材料（成品约840g的分量）

红豆……300g

精制白砂糖……300g

盐……1小撮

制作方法

1 去除红豆里的杂质、较硬的豆粒，用水清洗后放入锅里，注入水，没过红豆2～3cm，用大火煮沸，加入1/2杯水，再次沸腾后继续煮2～3分钟，关火，过滤，用水快速清洗一下。

2 红豆倒回锅里。注入水，没过红豆2～3cm，用大火加热，沸腾后调至小火煮2分钟左右。过滤，快速用水清洗一下（煮的时候会出现涩味，此步骤称为"去涩"）。

3 红豆倒回锅里，倒入大量的水，用大火煮沸后调至小火。煮的过程中注意观察，热水要没过红豆2～3cm，可按照此标准加水。

4 红豆煮至可以用手捏碎后便可关火。倒入滤网中，滤干水分，再倒回锅里。

5 加入一半的精制白砂糖，用中火加热，搅拌。加入剩余的精制白砂糖，不断地搅拌，防止变焦。

6 如果在溶解精制白砂糖的阶段停止加热，便可以直接食用或浇在糯米团子上使用，细细品尝煮红豆的味道。

7 如果继续搅拌至汤汁变浓稠的状态，便可作为善哉红豆食用（参照第47页善哉红豆的制作方法）。

8 继续搅拌，当红豆变成粘在木质刮刀上的整块时，加入盐，快速搅拌。

9 在烤盘里铺上拧干的湿毛巾，将搅拌好的红豆粒馅分成小份后放到毛巾上，使其迅速冷却，再整合在一起。

材料（4人份）

红豆粒馅（参照第46页或市售品）……200g

水……约80mL

精制白砂糖（按个人口味）……适量

制作方法

在红豆粒馅中加水稀释，放入精制白砂糖，按个人口味调整甜度。另外，还可以在制作红豆粒馅的中途，将汤汁变浓稠后的红豆粒馅直接用做前菜（参照第46页的步骤7）。

❖ 和果子物语【善哉红豆】

关西地区所说的"汁粉红豆汤"是将红豆沙馅倒入稀软的烤年糕中制作的，而用红豆粒馅制作的则称为"善哉红豆"。另一方面，关东地区用红豆沙馅制作的称为"御前汁粉红豆汤"，红豆粒馅所做的称为"田舍汁粉红豆汤"，而善哉红豆则没有汤汁。关东的善哉红豆在关西叫做"龟山"。

善哉红豆

用粒馅制作的关东风味善哉红豆，
还原红豆最醇的味道。

黄米善哉红豆

用微波炉就能轻松制作出黄米年糕，享受地方的味道。

材料（4人份的用量）

黄米……100g

水……180mL

方形年糕……1块（50g）

善哉红豆（上述）……全部

制作方法

1 黄米用水（分量外）浸泡1天，过滤。

2 黄米倒入耐热的容器中，加入水，敷上保鲜膜，用微波炉（600W）加热4分钟后取出，搅拌。然后敷上保鲜膜，再加热4分钟。

3 方形年糕切成4块，与步骤2的黄米糕混合，敷上保鲜膜，用微波炉加热1分钟，搅拌均匀。

4 将步骤3的年糕与善哉红豆一起盛到碗里食用。

豆类和果子

红豆沙馅

用红豆粒馅制作。虽然有些费工夫，但红豆沙馅口感细腻，是和果子必不可少的食材。

材料（成品约670g的用量）

红豆……300g
精制白砂糖……300g
水……150mL
盐……1小撮

制作方法

1 参照第46页步骤1~4的方法煮软红豆。

2 先在碗里放入滤网，再将红豆连同汤汁一起倒入碗中，用木质研杵慢慢将红豆捣碎，去皮。

3 拿起步骤2的滤网，连豆带皮一起放入另一个盛满水的碗里，用铁勺的背面或硅胶刮刀挤压过滤。将滤网中余留的残渣清理干净，用细密的滤网过滤两个碗里剩下的红豆汁。

4 将步骤3的红豆馅倒入大一些的碗里，加入大量水，搅拌均匀后放置一段时间，待红豆馅沉淀后，把上层澄清的汤汁倒掉，再重新注入水。如此重复两次，去除涩味。

5 将滤网放到碗里，再铺上拧干的湿毛巾，倒入步骤4的红豆馅。取出滤网，连同毛巾一起用力拧干。

6 将精制白砂糖和水倒入锅里，中火加热。待精制白砂糖化开后分2~3次加入步骤5的红豆馅，用木质刮刀搅拌。沸腾后用中火慢慢熬。

7 用刮刀将红豆馅挑起后放下，倘若能形成隆起的小山状，即可加入盐，快速搅拌。

8 在烤盘里铺上拧干的湿毛巾，将搅拌好的红豆馅分成小份放到毛巾上，使其迅速冷却。冷却后再整合在一起。

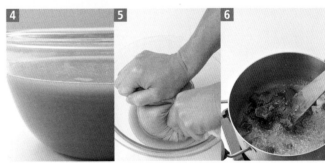

烤年糕汁粉红豆汤

红豆沙馅稀释后制作出的关西风味的汁粉红豆汤（关东地区称为御前汁粉红豆汤）。

红豆馅的保存

红豆粒馅、红豆沙馅放入密封容器里，在冷藏条件下可以保存一星期。如果要冷冻，为了避免散味，可以先用保鲜膜包住，再放入保鲜袋中密封，这样可以保存一个月左右。使用的时候自然解冻就可以。

材料（4人份的用量）

红豆沙馅（参照第48页或市售品）……300g
水……350g
精制白砂糖……50～60g（按个人口味加减）
盐……1小撮
方形年糕……4块

制作方法

1 红豆沙馅倒入锅里，慢慢加入水稀释。然后加入精制白砂糖，用中火煮4～5分钟，加入盐后关火。
2 烤年糕放到碗里，注入步骤1的红豆汤。

白玉团子冰汁粉红豆汤

冰镇之后加入白玉团子，适合夏天的汁粉红豆汤。

材料（4人份的用量）

糯米团子
　糯米粉……60g
　水……55～60mL
红豆沙馅（参照第48页或市售品）……350g
水……300mL
精制白砂糖……50g
盐……1小撮

制作方法

1 红豆沙馅倒入锅里，慢慢加入水稀释。再加入精制白砂糖，用中火煮5～6分钟，加入盐后关火。散热后放入冰箱中冷藏。
2 糯米粉倒入碗里，慢慢加入水，揉至硬度与耳垂相近即可。然后揉成圆形，用大量的水煮熟，再放到冷水中降温（参照第35页）。
3 糯米团子盛到碗里，注入步骤1的冰红豆汤。

豆类和果子

白豆沙馅

用白芸豆制作的白豆沙馅口感非常细腻，同时也是制作味噌豆沙馅、抹茶豆沙馅的材料。

材料（成品约600g的用量）

白芸豆（白四季豆或白花豆）……300g

精制白砂糖……300g

盐……1小撮

制作方法

1 豆子洗干净，用大量水浸泡1晚。

2 倒掉浸泡豆子的水，在锅中放入豆子和大量水，用大火煮沸，撇去浮沫。

3 调至小火，慢慢煮。煮的过程中要随时往锅里加水，使热水始终没过豆子2～3cm。

4 煮至豆子可以用手轻轻捏碎即可。

5 滤网放到碗里，将煮软的豆子连同汤汁一起倒入碗中，用木质研杵慢慢将豆子捣碎，去皮。

6 将碗里剩余的汤汁倒入纱布里，拧干。然后将白豆沙倒入锅里，加入精制白砂糖，搅拌（参照第46页的步骤**5**）。分成小份降温，冷却后再整合在一起。

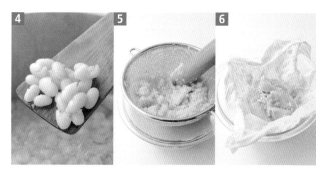

※ 保存方法参照第49页"红豆馅的保存"。

三种鹿子饼

品尝各种煮豆子的美味

材料（各4个的用量）

栗子鹿子饼
　栗子甘露煮……6颗
　白豆沙馅……80g

豌豆鹿子饼
　煮青豌豆……1/2杯
　白豆沙馅……80g

金时豆鹿子饼
　煮金时豆……28颗
　白豆沙馅……80g

涂层用寒天
　寒天粉……1/2小匙
　水……1/2杯
　精制白砂糖……40g

制作方法

1 栗子甘露煮切成两半。白豆沙馅分成4份，揉成圆形。栗子甘露煮、煮豌豆、煮金时豆放到四周，轻压。

2 倒入锅里水，筛入寒天粉，用中火加热化开，再加入精制白砂糖，制作出涂层用寒天。趁热用刷子涂到步骤1的鹿子饼表面。

用红豆沙馅制作

豆类和果子

甘煮花豆

秋季出新豆时最想制作的一款甜品。
豆子需要浸泡一晚。

材料（适量）
白花豆……300g
精制白砂糖……300g

制作方法
1 豆子洗净，用大约4倍的水浸泡一晚，泡开（图a）。
2 将泡开的豆子连同浸泡的水一起倒入深锅里。调整水量，使水没过豆子3~4cm，大火加热。
3 沸腾后调至小火，煮10分钟，过滤。再倒回锅里，换水，用同样的方法煮。
4 捞出豆子，过滤，再倒回锅里，加入没过豆子3~4cm的热水（图b），盖上纸锅盖，煮至豆子变软。煮的过程中，水要始终没过豆子，途中撇去泡沫后记得加水。
5 步骤**4**的豆子变软后，加入一半的精制白砂糖（图c），煮10分钟。再加入剩下的精制白砂糖，继续煮一段时间。放置冷却，让甜味渗入其中。

※ 甘煮紫花豆的煮法与白花豆相同。但紫花豆的涩味更重，在步骤3中需要换3次水。

a 用大量的水浸泡一晚，泡开。

b 火候为可以让豆子在汤汁里滚动的小火。汤汁的高度保持在没过豆子3~4cm的状态，一边煮一边加水。

c 务必在豆子煮软后再加入精制白砂糖。如果提前加入，豆子就不会变软，这点需要特别注意（这是煮所有豆子的共同要点）。

豆类和果子

盐豌豆

制作蜜豆、馅蜜、豆大福不可或缺的食材，
能起到锦上添花的效果。

材料（适量）
红豌豆……100g
盐……少许

制作方法
1 豆子洗净，用大量的水浸泡一晚，泡开。
2 倒掉浸泡的水，在锅里放入豆子和3杯水，用大火加热。沸腾后调至中火，煮3分钟后过滤，滤干水分。
3 把豆子倒入锅里，重新加入3杯水，用小火煮30分钟左右。煮的过程中，豆子始终要浸泡在水里，所以要一边加水一边煮。
4 豆子变软后倒入滤网中，滤去热水，撒上盐（图a）。抖动滤网过筛，让盐味更均匀。

栗子和果子

栗子涩皮煮

花一点时间去掉外壳，然后慢慢熬煮出栗子涩皮煮。便于保存，挑战一次就能轻松掌握的美味和果子。

材料（适量）
栗子……1kg
小苏打……1小匙
精制白砂糖……600g

准备
栗子用大量的水浸泡一晚，泡软外壳。

制作方法

1　去掉栗子的外壳，注意不要破坏内皮。

2　将栗子、没过栗子的水、小苏打倒入锅中，开火加热。煮沸后调至小火。

3　大约煮10分钟后会出现泡沫，而且汤汁还会变黑，此时要将栗子倒入滤网中，用水洗净。

4　再将栗子倒入锅里，注入水，没过栗子，用大火加热，煮沸后调至小火继续煮10分钟。再次倒入滤网中，用水洗净。如此重复3次，至栗子煮软、用竹扦能穿透即可。煮的过程中，热水要保持没过栗子的状态，不足时要及时加水。

5　栗子倒入滤网中，滤干水分。同时用手轻轻撕掉黑色的内皮，并用竹扦剔除细丝。

6　将步骤5的栗子再次倒入锅里，注入没过栗子的水。加入一半的精制白砂糖，盖上纸锅盖，开火加热。煮沸后调至小火，继续煮10分钟。倒入剩余的精制白砂糖，煮30～40分钟，使甜味渗入栗子中。煮的过程中，栗子要始终浸泡在汤汁中，所以要及时加水。

涩皮煮的保存方法

连同糖浆一起倒入干净的保存瓶中，冷却后再冷藏。隔1～2天后，甜味会渗透到栗子中，味道更佳。
放在密封容器或保鲜袋中时，栗子要浸泡在糖浆中。冷藏可保存两星期，冷冻可保存6个月左右。经过真空处理（参照第53页）后，可在室温下保存1年左右。

栗子酱

散发着高级感的栗子酱，其实就是将涩皮煮捣碎而成。

材料（适量）
栗子涩皮煮捣碎……500g
涩皮煮汤汁……2杯
※ 涩皮煮的汤汁不足时可以加2杯水

制作方法
1 用搅拌机将栗子涩皮煮捣碎（图a），倒入涩皮煮的汤汁，搅拌成顺滑状。
2 倒入深锅里，中火加热，搅拌。浓稠度依个人喜好而定。

※ 栗子酱放入干净的保存瓶中，冷却后再冷藏。冷藏可保存两星期，冷冻可保存6个月。
※ 经过真空处理（参照下述方法）后，可以在室温下保存1年左右。

内皮破掉的栗子、碎开的栗子可以与涩皮煮的成品分开，建议用于制作栗子酱。

栗子酱三明治

日式口味的栗子酱与米粉三明治很配。

材料（适量）
栗子酱……适量
米粉吐司（厚5~6mm）……4片

制作方法
1 将栗子酱涂到米粉吐司上，夹好后切成适口的大小即可。

涩皮煮和栗子酱的保存方法（真空处理的方法）
做好的涩皮煮（糖浆务必要没过栗子）、栗子酱倒入经过煮沸消毒的干净瓶中，装满后轻轻盖上瓶盖。将瓶子放入锅里，注入热水，使1/3~1/2的瓶身浸泡在水中。煮10分钟左右，然后从锅里取出，拧紧瓶盖。瓶子上下颠倒，冷却，真空处理完成。

三种蜜

虽然市场上也能买到很多种蜜，但鉴于制作方法简单，而且可长时间保存，建议大家自己做做看！

黑蜜

材料（约1杯的用量）

黑砂糖（粉末）……80g
砂糖……80g
水……200mL

制作方法

黑砂糖、砂糖、水倒入锅里，用中火煮化，撇去泡沫，再用小火煮8分钟左右，冷却即可。

> **蜜的保存方法**
> 倒入干净的瓶子里，放入冰箱中。一般来说，黑、白蜜可以保存1个月，姜蜜可以保存2个星期。

白蜜

材料（约1/2杯的用量）

砂糖……240g
水饴……40g
水……200g

制作方法

砂糖、水饴、水倒入锅里，用中火煮化，撇去泡沫，再用小火煮8分钟左右，冷却即可。

姜蜜

材料（约1/2杯的用量）

精制白砂糖……120g
水……200g
薄姜片……6片
姜汁……2.5大匙

制作方法

精制白砂糖、水、薄姜片倒入锅里，开火加热。煮沸后调节火候，保持微微沸腾的状态，再继续煮4分钟左右，关火。取出薄姜片，加入姜汁，冷却后即可。

第二章

令人怀念的美味

传统和果子

散发着昭和时代的香气，充满怀旧感的 10 款和果子，变换食材后便可衍生出多种和果子，下面我们一一为大家介绍。

这里的和果子从收录无数日本地方和果子的『百大地方料理』中挑选出来，个个都是当地名人的食谱。

萩饼和牡丹饼

我们为大家介绍两个品种：一种是用红豆沙馅包住煮熟的糯米；另一种是用糯米包住红豆粒馅，并撒上黄豆粉。

材料（20个的用量）

糯米……1½杯
水……1½杯
砂糖……1大匙
红豆沙馅（参照第48页或市售品）……360g
红豆粒馅（参照第46页或市售品）……240g
黄豆粉砂糖
⎡ 黄豆粉……3大匙
⎢ 砂糖……3大匙
⎣ 盐……1小匙

准备

●糯米淘干净，再用水（分量外）浸泡2~3小时。

制作方法

1 糯米滤干水分，将糯米、水、砂糖倒入电饭锅中，按照煮普通米饭的方法煮熟。
2 将步骤**1**煮好的糯米移到碗中，用木质研杵将糯米捣成半碎的状态。
3 将2/3捣成半碎的糯米揉成10个圆球形米饭团，剩余的1/3揉成10个。红豆沙馅、红豆粒馅各分成10份，揉成圆形（图a）。

4 红豆沙馅放到保鲜膜上，放上小一点的米饭团，用红豆沙馅包住，调整形状（图b），共制作10个。
5 将大一点的米饭团放到保鲜膜上，再放上红豆粒馅，包好（图c），共制作10个。黄豆粉、砂糖、盐混合，制作出黄豆粉砂糖，撒匀。

❖ 和果子物语【萩饼和牡丹饼】

关于萩饼和牡丹饼的名称，有一种最有力的说法：萩季制作的是"萩饼"，牡丹季制作的便是"牡丹饼"。还有些叫法犹如暗号一般，例如，因为需要把米捣成半碎的状态，所以也称"半杀"；在看不见月亮的地方制作的称为"月不知"。

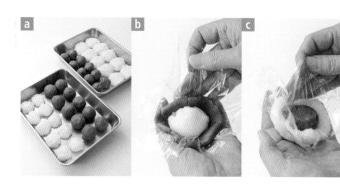

a 需要制作两种，将大一点的米饭团与红豆粒馅分成一组，小一点的米饭团和红豆沙馅分成一组。

b 红豆沙馅放在保鲜膜上，压扁呈圆形，比米饭团大一圈。将保鲜膜往上拉，包住米饭团。

c 与**b**相反，用大一圈的圆形米饭包住红豆粒馅。

衍生品

用杂粮面包住芝麻红豆馅

杂粮萩饼

材料（20个的用量）

糯米……1杯
杂粮……1/2杯
水……1½杯
砂糖……1大匙
芝麻红豆馅
⎡ 红豆沙馅（参照第48页或市售品）……500g
⎣ 黑芝麻碎末……4大匙

制作方法

分别将糯米、杂粮淘洗干净，混合之后用大量的水（分量外）浸泡3~4小时，按照萩饼糯米的方法煮熟，捣成半碎状，分成20份，揉成圆形。红豆沙馅与黑芝麻碎末混合，制成芝麻红豆馅，也分成20份，揉成圆形。用杂粮米饭包住芝麻红豆馅即可。

大学芋

在甘薯表面裹上一层用甜辣酱油制作的酥脆糖衣。无论是爱甜食之人，还是爱辣味之人都赞不绝口的美味。

❖ 和果子物语【大学芋】

关于名字的由来，最有力的说法是：大正时期，这种食物开始在本乡和神田等大学附近售卖，因此而得名。也有说法是受中华料理的启发。大学芋的制作方法简单，但食材的选择尤为重要，所以大学芋的专卖店通常都会根据季节挑选不同产地的甘薯制作。

材料（4人份的用量）
甘薯……500g
油……适量
糖衣
砂糖……7大匙
甜料酒……6大匙
酱油……3大匙
「 炒黑芝麻……2小匙
L 色拉油……适量

制作方法

1 甘薯连皮随意切块，用水漂洗，再擦干水分。

2 倒入加热至170℃的油中，炸至竹扦可以穿透后取出，滤干油（图a）。

3 制作糖衣的材料倒入平底锅中，煮沸。呈现黏稠状后（图b），将步骤**2**的甘薯倒入其中，迅速裹上糖浆（图c），关火。

4 碗里涂上一层薄薄的色拉油，步骤**3**倒入其中，撒上芝麻（图d）。

a 甘薯用中温（170℃）的油炸至金黄色，用竹扦能穿透即可。

b 制作糖衣的材料用大火加热，出现细密的小泡、呈黏稠状后（130℃）调至小火。

c 倒入甘薯后保持小火，快速搅拌防止变焦。

d 将甘薯移到涂有一层薄薄色拉油的碗中，防止甘薯的糖衣黏在一起，再撒上芝麻。

衍生品

用山药制作

糖山药

材料（4人份的用量）
山药……500g
油……适量
炒花生（大致切碎）……60g
糖衣……（与大学芋相同）
色拉油……少许

制作方法

山药去皮后用弧形切的方法切成5cm的长段，按照大学芋的方法用油炸过后裹上糖衣，最后撒上花生。

豆大福

外皮的绵密感、盐豌豆的咸味、红豆馅的甜味绝妙地组合在一起。选用方形年糕制作，可以在家里轻松完成。

材料（10个的用量）

面团

- 方形年糕……200g
- 砂糖……40g
- 水……60mL

盐豌豆（参照第51页或市售品）……约60g

红豆沙馅（参照第48页或市售品）……350g

太白粉……适量

准备

●红豆沙馅分成10份，揉成圆形。

制作方法

1 方形年糕用水浸湿后放入耐热的大碗中，敷上保鲜膜，用微波炉（600W）加热2分钟左右，使其变软。

2 锅里加入砂糖和水，开火加热化开砂糖，制作成糖浆（与步骤1同步进行）。

3 步骤1的年糕加热后立刻将滚烫的糖浆分3~4次加入其中，然后用浸湿的木质研杵捣碎，混合均匀（图a）。

4 将步骤3的食材倒回锅里，用中火加热，同时用木质刮刀搅拌至可以拉起的状态（图b）。如果立起的面团断开，可以添加适量的水调节。

5 将步骤4的面团放到撒有太白粉的烤盘里，两手粘上太白粉，将面团拉成棒状，撕成10份。

6 面团趁热揉成圆形，压扁。放上盐豌豆，再把红豆馅放到上面，包好（图c）。

❖ 和果子物语【大福】

这种包有甜豆沙馅的大福始于江户中期。冬天时，小贩们将火盆放到筐里，走街串巷地售卖热乎乎的烤大福，非常受欢迎。20世纪80年代，草莓大福登场，甜豆沙馅与清爽的草莓搭配，新意十足，在日本风靡一时，到现在仍是备受欢迎。

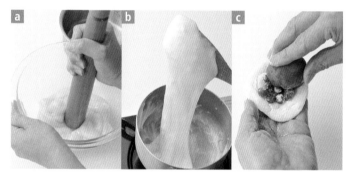

a 年糕趁热用木质研杵捣几下，与糖浆混合。没有完全混合均匀也可以。

b 挑起时不断且能拉长即可。关键是要用木质刮刀搅拌均匀。

c 盐豌豆放到压扁的面团上，再把红豆馅放到上面，将面团的四周往上拉，包好。

衍生品

面团相同，但在红豆馅中加入了草莓

草莓大福

材料（10个的用量）

面团……与豆大福相同

草莓……10颗

红豆沙馅……200g

制作方法

红豆沙馅分成10份，包住草莓（图a）。再用豆大福的外皮面团包住中间带有草莓的红豆馅。

甜米酒

发酵对温度要求比较严格，利用电饭煲的保温功能来发酵，一切都可以变得简单。用粳米也可以制作，但糯米的甜味更让人回味无穷。

❖ 和果子物语【甜米酒】

用米曲将大米糖化后制作而成的饮品。通常来说，人们都认为这是冬天的饮品。但实际上，喝甜米酒能解暑。甜米酒中不含酒精，富含维生素和氨基酸，营养价值高。用甜米酒制作酒馒头，可以让外皮更加柔软膨松。

材料（6~8杯的用量）

糯米……1合（约180mL）
干燥的米曲……100g
砂糖（按个人口味）……适量
姜汁……适量

制作方法

1 糯米淘干净，倒入滤网中滤干水分。之后倒入电饭锅中，加适量的水煮熟。

2 待步骤**1**的粥冷却至55~60℃，将米曲揉碎后加入其中（图a），混合均匀（图b）。电饭锅调至保温状态，不用盖锅盖，用一块湿毛巾盖好，放置一晚（图c）。

3 待步骤**2**的甜米酒倒入锅里加热，按个人口味添加砂糖、姜汁即可食用。

a 温度降至米曲最活跃的55~60℃后（准确的温度是关键，尽量用温度计进行测量），用手将米曲揉碎，加入其中。

b 用盛饭勺搅拌，将米曲混合均匀。

c 盖上湿毛巾，在电饭锅锅盖打开的状态下放置8小时，使其发酵。

衍生品

在面团中混入甜米酒
酒馒头

材料（10个的用量）

甜米酒……40g
酒……1大匙
砂糖……20g
低筋面粉……80g
发酵粉……2g（或泡打粉3g）
红豆沙馅（参照第48页或市售品）……200g
扑面粉（低筋面粉）……适量

准备

● 低筋面粉与发酵粉混合，进行筛滤。
● 红豆沙馅分成10份，揉成圆形。
● 准备10块薄木片或烘焙纸（边长5cm的方形）。

制作方法

1 甜米酒、酒、砂糖倒入碗中，混匀，用茶筛过滤。

2 低筋面粉与发酵粉再筛一次，直接筛入步骤**1**的材料中，用硅胶刮刀搅拌。

3 在烤盘里撒上扑面粉，取出步骤**2**的面团。两手沾上面粉，将面团揉成棒状。

4 待步骤**3**的面团分成10份，两手沾上面粉，将其揉成圆形，压扁后包住红豆馅。调整形状（参照第17页），放到薄

木片或烘焙纸上。

5 在蒸锅里铺上烘焙纸或拧干的湿毛巾，留出一定间隔，将步骤**4**的面团放入其中，用喷壶喷点水。

6 蒸锅沸腾后，用大火蒸12~13分钟。取出，用团扇为馒头降温。

蕨饼

一种基本款的和果子，用蕨菜粉熬制，冷却后凝固而成，口感光滑而有弹性。

材料（边长15cm的方形模具，1个的用量）

面团

- 蕨粉……100g
- 水……550mL
- 砂糖……100g

黄豆粉……适量

制作方法

1 蕨粉倒入碗中，慢慢加入水，边加水边用手指将块状的蕨粉捏碎，使其化开。混匀后加入剩余的水，搅拌。

2 加入砂糖，用滤网过滤，使其更顺滑。

3 倒入锅里，中火加热。用木质刮刀充分搅拌至呈透明状，并出现黏性。

4 面团与锅底分离后（图a），注入用喷壶喷好水、底面和侧面撒有黄豆粉的模具中（图b）。用茶筛过滤黄豆粉，撒在表面，再放入冰箱中冷藏，凝固。

5 切成适口的大小，撒上黄豆粉后即可食用。

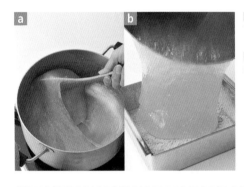

❖ 和果子物语【蕨粉】

用从蕨菜根部提取而成的淀粉制作的蕨饼口感筋道、细腻，拥有独特的风味。蕨粉可以分为两类：稀有、制作工序复杂、价格高、蕨粉含量为100%的"纯蕨粉"；掺入甘薯淀粉和木薯淀粉的"蕨饼粉"。

a 用木质刮刀充分搅拌，直至能将面团从锅底搅拌分离的状态。

b 用喷壶在模具的内侧喷上水，底面和侧面撒上黄豆粉，再一口气注入面团。

衍生品

不用模具，撒上黑芝麻砂糖

蕨饼配黑芝麻

材料（4人份的用量）

蕨菜粉……50g

水……300mL

砂糖……20g

黑芝麻砂糖

- 炒黑芝麻……1大匙
- 砂糖……2大匙

制作方法

按照蕨饼步骤**1~3**的方法制作面团，在步骤**4**中用两把浸湿的茶匙将其分成适口大小，再放到冰水中降温。冷却后盛到碗里，撒上黑芝麻砂糖。

薯饼

将蒸软的甘薯和年糕混合即可，简单美味的和果子。还可以按个人的口味增加年糕的分量。

❖ 和果子物语【薯饼】

食材和制作方法因地而异。和歌山、高知等地的做法是将甘薯塞到年糕里；奈良的做法是将芋头塞到年糕里；岐阜的做法是将粳米和甘薯一起煮，之后揉成年糕的形状；北海道则是将土豆蒸熟之后捣碎，与太白粉混合，揉成团子。

材料（5~6人份的用量）
甘薯（去皮）……400g
方形年糕……2块（约100g）
黄豆粉……适量
黑蜜（参照第54页或市售品）……适量

制作方法

1　将去皮的甘薯切成2cm厚的片状。

2　将拧干的湿毛巾或烘焙纸铺到蒸锅里，放上甘薯，沸腾后用大火蒸20分钟左右。方形年糕切成适口的大小。

3　甘薯变软后（图a）放入年糕，再蒸5分钟（图b）。

4　年糕变软后倒入碗或研钵里，用木质研杵捣碎，混合，使其顺滑（图c）。

5　取适量的薯饼放到盘子里，撒上黄豆粉，浇上黑蜜。

a 蒸到用竹扦可以穿透甘薯即可。

b 甘薯变软后放上年糕，再蒸5分钟，蒸至年糕变软。

c 用木质研杵把甘薯和年糕捣碎，混匀。

衍生品

用芋头制作的无甜味和果子

芋头薯饼

材料（5~6人份的用量）
芋头（去皮）……300g
方形年糕……3块（约150g）
萝卜泥……适量
酱油……适量

制作方法

制作方法与薯饼相同。放上萝卜泥，浇上酱油即可。

红豆冰

入口即化的清凉诱惑，
夏日最佳的解暑小食。
用碗或烤盘冷却凝固后，
吃多少取多少。

材料（4～5人份的用量）
红豆粒馅（参照第46页或市售品）……250g
精制白砂糖……2大匙
水……200mL

制作方法
1 精制白砂糖、水倒入锅中煮化、冷却，制作成糖浆。
2 红豆粒馅、糖浆倒入不锈钢碗中，混合。
3 将步骤2的食材混合均匀后放到冰箱中冷藏，降温凝固。
稍微凝固后用叉子搅拌混合，让空气进入其中（图a），再
继续冷藏凝固，如此重复2～3次，直至完全凝固。

a 中途用叉子搅拌3次，让空气进入其中，便可制作
出入口即化的红豆冰。

衍生品

用姜代替红豆粒馅
姜汁冰

材料（4人份的用量）
精制白砂糖……150g
水……400mL
薄姜片……6片
姜汁……5大匙

制作方法
1 精制白砂糖、水、薄姜片倒入锅里，用大火加热。沸腾
后调至中火，煮1～2分钟，过滤到碗中。
2 在步骤1的碗中加入姜汁，混合。
3 冷却后放入冰箱中冷藏凝固。

葛饼

口感顺滑，颇受人们喜爱的和果子。使用淀粉、太白粉、小麦粉三种材料制作，因此要用低温加热，使其充分化开，这点非常重要。

材料（边长15cm的方形模具，1个的用量）
面团

- 纯淀粉……50g
- 水……400mL
- 太白粉……50g
- 低筋面粉……25g

黑蜜（参照第54页或市售品）……适量
青豆粉……适量

制作方法

1 淀粉倒入碗中，慢慢加入水，用指尖将块状的淀粉捏碎，使其化开（图a）。再加入太白粉、低筋面粉，混合。

2 在锅上叠放万能滤网，将步骤**1**的面糊过滤至锅里。

3 用小火加热步骤**2**的面糊，一边搅拌一边加温至40~50℃。保持此温度，将其搅拌至黏稠状（图b）。

4 将步骤**3**的面糊注入用水浸湿的模具中，放到沸腾的蒸锅中，用大火蒸20分钟。

5 连同模具一起浸泡在冷水中，降温（图c）。

6 切成适口的大小，浇上黑蜜，撒上青豆粉即可食用。

❖ 和果子物语【葛饼】

与黄豆粉、黑蜜搭配的葛饼其实有关东、关西之分。关西风味的葛饼是固体状的，而关东风味的葛饼则是用小麦淀粉长时间发酵后蒸熟的，具有独特的口感和味道。龟户天神门口的船桥屋是关东风味的代表。此次我们介绍的葛饼非常适合在家里制作，但是对技巧也有一定的挑战。

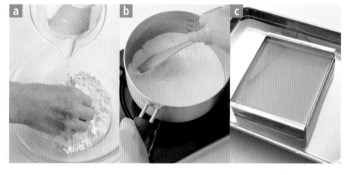

a 用指尖捏碎淀粉块，慢慢加水化开。

b 在略高于人体肌肤的温度下搅拌混合是重点。温度过高会凝固，需要注意。

c 从蒸锅里取出来后，连同模具一起浸泡在冷水里。然后放到冰箱中冷却凝固。

衍生品

放上甘纳豆，颇有几分水无月风味

红豆葛饼

材料（边长15cm的方形模具1个用量）
面团……与葛饼相同
红豆甘纳豆……50g

制作方法

按照葛饼的方法制作面糊，注入模具中，用大火蒸1分钟，在表面撒上甘纳豆，再用大火蒸19分钟左右。因为红豆会脱落，所以蒸好后的面团不用放到冷水中浸泡。从蒸锅中取出后，放置冷却，切开（切成三角形即是京都的铭果、水无月）。

黑糖软江米条

裹上一层香脆的黑糖，
让人心旷神怡的熟悉味道。
此处为大家介绍的是软江米条的制作方法，
但只要切细一些，立刻就是酥脆的口感。

材料（适量）

面团
- 低筋面粉（或中筋面粉）……150g
- 砂糖……2大匙
  - 小苏打……1/3小匙
  - 水……80mL
- 黑砂糖（粉末）……100g
- 水……2大匙

扑面粉（低筋面粉）……适量

油……适量

准备

● 低筋面粉、砂糖分别筛滤。

制作方法

1 低筋面粉和砂糖倒入碗中，慢慢加入用水化开的小苏打，混合。

2 揉成一块后放入保鲜袋中，醒面20~30分钟。

3 台面上撒一些扑面粉，取出步骤2的面团，放到台面上压平，厚度为5mm。再切成长5~6cm、宽1cm的长条状。

4 低筋面粉倒入碗中，放入步骤3的长条面团，撒上低筋面粉。将多余的面粉拍掉（图a）。

5 用170℃的油炸至金黄色。

6 黑砂糖与水混合，化开后倒入平底锅中，用小火加热，出现小泡、变黏稠后关火，倒入步骤5中炸好的江米条，裹上糖浆（图b）。

7 平底锅抬到一旁，用木质刮刀搅拌，冷却（图c）。

8 黑糖凝固、表面均裹上糖浆后，倒入烤盘里，散开降温。

❖ **和果子物语【江米条】**

又称为花林糖。据说由遣唐使传入日本，也有说是起源于西班牙、葡萄牙的南蛮果子，众说纷纭。江户时代后期成为广为人知的和果子。现在，除了基本的黑糖口味以外，还增加了肉桂、金平牛蒡等多种口味。

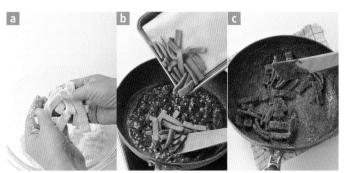

a 扑面粉倒入碗中，把切好的面团放到里面，表面撒上薄薄的面粉。

b 表面出现小泡、变黏稠后关火（此时约为100℃），迅速倒入炸好的面团。

c 将锅抬到一旁，继续搅拌。降至70~80℃后，整体会慢慢变干、散开。锅底最好垫一块拧干的湿毛巾。

衍生品

切得更细，油炸后撒上盐

咸江米条

材料（适量）

面团……与黑糖软江米条相同

油……适量

扑面粉（低筋面粉）……适量

粗盐……适量

制作方法

制作江米条的面团，切成细条状（宽3mm、长6cm的棒状），用油炸脆，撒上盐。

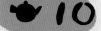

甜甜圈

超受欢迎的甜甜圈，如今仍有各种样式的新品出现。

这是传统的圆环形甜甜圈，外表撒上一层精制白砂糖即可。

材料（8个的用量）

面团

- 低筋面粉……150g
- 泡打粉……1/2大匙
- 起酥油……20g
- 精制白砂糖……40g
- 鸡蛋……1个
- 牛奶……20mL
- 香草油（可选或香草精）……少许

扑面粉（低筋面粉）……适量

植物油……适量

精制白砂糖（装饰用）……适量

准备

- 起酥油置于室温中化开。
- 低筋面粉与泡打粉混合后筛滤。

制作方法

1 起酥油、精制白砂糖倒入碗中，用打蛋器搅拌均匀。慢慢倒入打散的鸡蛋，再加入牛奶、香草油，混匀。

2 低筋面粉与泡打粉再筛滤一次，一边筛一边加入步骤**1**的混合液中，搅拌混合。用保鲜膜包住，放到冰箱里冷藏1小时以上。

3 取出面团，撒上扑面粉压平，厚度为1.5cm，再用模具压出甜甜圈的形状（图a）。

4 将步骤**3**的甜甜圈放入170℃的油里，用长筷子转动（图b），时不时翻面。

5 滤干油，趁热撒上精制白砂糖（图c）。

❖ 和果子物语【甜甜圈】

17世纪在荷兰出现了一种带有核桃的炸点心，据说传到美国后就变成了的甜甜圈。而中空的甜甜圈是由19世纪一位名叫Hanson Gregory的美国人发明的，据说他的灵感来自于童年时母亲做饭的样子。

a 面团压平，厚度为1.5cm，再用模具压出甜甜圈的形状。如果没有模具，也可用杯子和塑料瓶盖代替。

b 长筷子插到圆环里，一边转动甜甜圈一边炸。这样即便面团膨胀，圆环也不会变小，成品的形状更漂亮。

c 趁热把精制白砂糖撒到甜甜圈上，整体撒匀。

衍生品

将稀松的面团用勺挑落

颗粒甜甜圈

材料（12个的用量）

面团……与甜甜圈相同（牛奶增加至60mL）。

植物油、色拉油……各适量

黄豆粉……适量

制作方法

按照甜甜圈的方法，把制作面团的所有材料混合。不用放到冰箱里醒面，直接用沾有油的勺子将面团挑落到170℃的油里即可（图a）。炸好后撒上黄豆粉。

令人想念

地方风味的和果子

在日本各地传承数年，洋溢着家乡味道的和果子。以下食谱都是从入选『百大地方料理』的果子中精心挑选出来的，而且均由当地的料理名人亲自教授。

即食团子

据说名字源于马上就可以做好的点心。可以招待突然来访的客人，地域特色非常浓郁。热乎乎的甘薯与红豆馅的组合堪称绝妙。

材料（12~14个的用量）

甘薯……600g

红豆沙馅（参照第48页或市售品，红豆粒馅也可以）……200~300g

A ┌ 小麦粉……200g
  │ 团子粉……80g*
  │ 砂糖……40g
  └ 盐……15g（少于1大匙）

色拉油……多于1小匙

水……140~160mL

扑面粉……适量

* 使用白玉粉、糯米粉制作时减为 40g。

制作方法

1 将A倒入碗中，混匀，浇入色拉油，一边加水一边混合。如果介意面团会粘在手上，可以戴一双薄手套。

2 面团揉成一大块，用力充分揉匀，硬度与耳垂相近。

3 盖上湿毛巾，醒1小时以上。完成后装到保鲜袋里，再放入冰箱中冷藏1晚。冬天放置在常温下也可以。

4 甘薯切成宽1.5cm的片状。用面皮包的时候，将甘薯刮圆，避免弄破面皮（图a）。放到水里去除涩味，再倒入滤网中，滤干水分。

5 将面团分成12~14份，事先撕成小块。在砧板上撒一些扑面粉，用擀面杖擀成圆形面皮。

6 放上等分的红豆馅，再放上甘薯，压紧（图b），用面皮包住。

7 放到沸腾的蒸笼里，蒸25分钟左右（图c）。面团不会膨胀，间隔不用太大。由于蒸好的团子容易粘在一起，所以趁热用保鲜膜包好。

※ 面皮、成品都可以冷冻保存，一般可以保存2~3个月。使用冷冻的面皮时，事先自然解冻即可。

毛豆饼

宫城县

关于毛豆饼名字的由来，据说是因为它的读音与『拍豆子』相似。用白玉团子代替年糕，同样美味。

材料（适量）

年糕……7~8块
毛豆（连壳）……300g
砂糖……100g
盐……1小匙

制作方法

1 毛豆用盐（分量外）水煮软。
2 将煮软的毛豆去壳，再去掉薄皮，放到研钵里。
3 用木质研杵慢慢捣碎。

重点

尽量捣碎，不要留有颗粒，这样成品的口感会更细腻。

4 砂糖分数次加入其中，搅拌均匀，化开砂糖。最后再加入盐，继续搅拌混合，毛豆馅制作完成。
5 在捣好的年糕或用微波炉、蒸锅加热变软后的年糕表面裹上毛豆馅。

栗果馒头

埼玉县

形状与栗子的外壳相似，这便是名字的由来。

用小苏打制作外皮，里面是甜度适中的红豆馅，馒头外裹满红小豆糯米饭。

虽然制作起来有些费事，但美味十足。

材料（10个的用量）

外皮

小麦粉……200g

A

砂糖……80g
蛋液……1/3～1/2个
牛奶……40mL
小苏打……8g
醋……1/2小匙

手粉用

小麦粉……70g
小苏打……1/2小匙

红豆馅

红豆……120g
砂糖……120g
盐……1.5g

红小豆糯米饭

糯米……380g
豇豆……18g

炒白芝麻（按个人喜好）……适量

制作方法

制作外皮

1 将A放到搅拌机里，搅拌30秒。

2 小麦粉倒入碗里，注入步骤1的材料。然后一边转动碗，一边用木质刮刀混合，直至出现光泽。

3 手粉用的面粉筛滤两次，撒在烤盘里，再倒入步骤2的面团。揉成棒状后分成小份，每份40g。

制作红豆馅

4 红豆放入水中煮沸，不断加水至煮软。然后加入砂糖、盐，用木质刮刀混合，同时慢慢熬干。

5 冷却后分成小份，每份40g。

制作红小豆糯米饭

6 糯米淘干净，滤去水分。

7 豇豆倒入锅里，注入水后开火加热。沸腾后加水，再次沸腾后关火。

8 豇豆倒入滤网里，滤干水分。汤汁先冷却后，将步骤6的糯米倒入其中，浸泡1小时左右。

9 糯米滤干水分后与豇豆混合，再倒入蒸锅中，隔水蒸。

10 蒸锅沸腾后再蒸15分钟。将200mL的水撒在糯米上，继续蒸10分钟。

完成

11 用外皮包好红豆馅，调整形状，放到沸腾的蒸锅中蒸熟，时间控制在12分钟以内。

12 最后用做好的红小豆糯米饭包住馒头。按个人口味撒上芝麻即可。

红豆团子泥

神奈川县

用泥状团子裹上红豆馅制作而成。过去制作团子时，只会用到小麦粉和水，而最近还会加入白玉粉。除了红豆馅以外，还可以制作成御手洗团子的风味。

材料（适量）

白玉粉……40g

低筋面粉……200g

红豆沙馅（参照第48页或市售品）……400g

制作方法

1 在白玉粉中加入40mL水，使其完全溶解。

重点

先用水溶解白玉粉，成品制作完成后不容易化开。

2 将低筋面粉和120mL水加入步骤1的材料中，搅拌均匀。再揉成一块，硬度与耳垂相近。

3 将步骤2的面团撕成几块，用大拇指和食指拉成边长5cm的方形（大小与银杏叶差不多），厚度约1cm，再用手掌压扁。

4 将步骤3的面团放入沸腾的热水中，浮起之后取出。用水快速清洗，去除黏液。轻轻擦去水分，与红豆沙馅混合。

栗金团

岐阜县

外观和味道都属上乘，不仅可以用做和果子，还能作为招待亲朋的小食。虽然没有市售品那么细腻，但独一无二的味道和口齿间留下的颗粒感只有手工制作的和果子才有。

材料（适量）

栗子……适量
砂糖……栗子肉（在步骤2中取出）分量的25%~30%
盐……少许

制作方法

1 栗子放到水里煮软（大一些的栗子需要煮50~55分钟）。
2 趁热切成两半，用勺子取出栗子肉。

> **重点**
> 去掉颜色不好的部分，这样成品的色泽才更佳。

3 栗子肉称重，加入砂糖、盐，快速混合。
4 加热深锅，倒入步骤3，用小火慢慢熬煮。

> **重点**
> 一边搅拌，一边将大块的栗子捣碎。如果在步骤2中取出的栗子肉比较碎，此时便不会留有大块。

5 揉成团子状，每个团子的重量约30g。用拧干的湿毛巾包住，捏成茶巾绞的形状。

※ 成品可以冷冻保存。另外，可以在制作到步骤2时进行冷冻保存，然后用微波炉解冻后继续按照步骤3的方法制作，但建议尽快食用。

必要的制作工具、食材重量一览表

在制作本书所介绍的和果子时，使用的都是非常常见的工具。
再温习一遍使用方法的要点吧，让和果子的味道更出色！

方形模具

不锈钢的方形模具。耐热性强，即可用于蒸食材，又可放入冰箱里冷藏凝固食材。内侧的模具可以取出来，方便、实用。没有方形模具的话，也可以用烤盘和耐热的容器代替。

木质刮刀、硅胶刮刀

用于混合、搅拌、过滤等制作和果子的所有步骤中。木质刮刀最好选用与锅底弧线吻合的圆形。硅胶刮刀选择耐热的硅胶材质，使用时更方便。

电子秤、量杯、量勺

和果子的制作始于正确的食材、精准的计量，因此计量工具必不可少。电子秤以 1g 为单位计量为宜。

纱布、烘焙纸

蒸面团时使用，可以避免面团粘到蒸锅上，事先准备好为宜。

万能滤网

除了可以去掉食材的汤汁外，细密的滤网还可以用于过滤食材，让面团更细腻、顺滑。附带手柄的滤网更方便。

量杯、量勺对应的重量表 （单位=g）

根据食品、调味料的分量而定，有时比用电子秤更方便。
标准如下，请参照使用。

食品名	1小匙（5mL）	1大匙（15mL）	1杯（200mL）
水	5	15	200
酒	5	15	200
酱油	6	18	230
甜料酒	6	18	230
味噌	6	18	230
粗盐	5	15	180
食盐	6	18	240
绵白糖	3	9	130
精制白砂糖	4	12	180
水饴	7	21	280
蜂蜜	7	21	280

食品名	1小匙（5mL）	1大匙（15mL）	1杯（200mL）
果酱	7	21	250
橘皮果酱	7	21	270
油	4	12	180
小麦粉（低筋面粉）	3	9	110
太白粉	3	9	130
上新粉	3	9	130
泡打粉	4	12	150
小苏打	4	12	190
道明寺粉	4	12	160
牛奶	5	15	210

第三章

创意和果子

想到就能做到

想吃时能马上做出来的简单和果子。

不论是用微波炉、平底锅制作的和果子，

还是可以提前做好的常备水果和果子，

制作过程才是最快乐的。

一口外郎

口感筋道的外郎用微波炉就可以制作。

梅肉的颜色漂亮而诱人，非常适合用来做招待亲朋好友的和果子。

❖ 和果子物语【外郎】

在粳米粉中加入砂糖后蒸制而成的和果子。室町时代是药的名字，后来出现了一款同名的清淡和果子，慢慢则变成专指和果子。是名古屋、山口、三重等地的特产。

材料（直径约6cm，6个的用量）

上新粉……60g

糯米粉……1.5大匙（15g）

砂糖……50g

水……100mL

红豆沙馅（参照第48页或市售品）……50g

梅肉……1/2小匙（2g）

制作方法

1 上新粉、糯米粉、砂糖倒入碗中，注入水，搅拌至黏稠顺滑状。

2 将步骤1的面团分成两半，其中一半加入梅肉，另外一半加入红豆沙馅，分别混合。

3 准备6个直径5～6cm的耐热小碟子或小钵（最好选用薄而小的容器，避免受热不均）。先注入混有梅肉的面团，再在上面注入混有红豆沙馅的面团。

4 轻轻敷上一层保鲜膜，每3个1组，放入微波炉（500W）中加热2分30秒左右。

5 待热气散去后，从容器里取出即可。

生八桥

散发着肉桂香味的生八桥。虽然只是将面团混合，但还是需要一点力气。最好是用木质刮刀和耐热的硅胶刮刀混合搅拌。

❖ 和果子物语【生八桥】

八桥是用米粉制作的肉桂风味仙贝，作为京都的特产而广为人知。面团无需烘烤的生八桥出现在20世纪60年代。之后，面团的种类不断增加，比如抹茶风味、芝麻风味等。馅料除了红豆馅以外，还有草莓味、巧克力味等。

材料（16个的用量）

上新粉……65g
砂糖……70g
水……60mL
黄豆粉……5g
肉桂……5g
红豆粒馅（参照第46页或市售品）……适量

制作方法

1 上新粉和砂糖倒入耐热的碗里，混合。注入水，化开砂糖。

2 敷上保鲜膜，用微波炉（500W）加热2分钟后取出，用力搅拌混合。然后再盖上保鲜膜，加热1分钟左右。

3 取出后加入黄豆粉和肉桂，搅拌均匀。热气散去后用手搅拌也可以。

4 面团上下敷上保鲜膜，用擀面杖压薄，呈边长20cm左右的正方形。想要成品效果更好的话，可以压成比边长20cm的正方形再大一些，之后将四周切掉，调整形状。

5 切成边长5cm左右的四边形，夹住红豆沙馅，对折。

橘子大福

橘子与红豆馅是绝配！
可以把整颗大福放到家人或客
人面前，让他们大吃一惊。
也可以切开，炫耀一下色泽
的美丽，
保证让大家越聊越起劲。

材料（4个的用量）

橘子……1小个
红豆粒馅（参照第46页或市售品）……80g（20g×4个）
方形年糕……2块（100g）
砂糖……10g
水……50mL
太白粉或糯米粉（扑面粉）……适量

制作方法

1 橘子去皮，慢慢撕掉白色的橘络，分成4份。然后与红豆馅粘在一起，揉成圆形。

2 年糕切成4~6份，放入耐热的碗里，加入砂糖和水。敷上保鲜膜，用微波炉（500W）加热2分钟，搅拌混合后再敷上保鲜膜，继续加热1分钟。搅拌后形成顺滑的面团。

3 扑面粉撒到砧板上，将步骤2的面团压扁。再在表面撒上扑面粉，分成4份后包住步骤1的馅料。

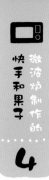
甘薯巧克力棒

人人都爱的巧克力与甘薯的组合。只需用方形模具将最普通的块状巧克力固定即可，材料比较便宜，即便是初学者也能出色完成。

材料（14cm×11cm方形模具，1个的用量）

甘薯……200g

巧克力（市售的块状巧克力）……200g

鲜奶油……75mL

朗姆酒（按个人口味）……1小匙

制作方法

1 甘薯洗净，无需滤干水，用保鲜膜包好，放到微波炉（500W）里加热4分钟左右，使其变软。冷却后去皮，切成一口的大小。

2 用手掰碎巧克力（连同外面的铝箔纸一起掰，不会粘到手上）。

3 鲜奶油倒入耐热的碗里，用微波炉（500W）加热1分钟，煮沸后立刻加入步骤2的巧克力碎，用硅胶刮刀搅拌混合，使其化开，变得顺滑。未完全化开的话，再用微波炉加热20～30秒。

4 加入甘薯和朗姆酒，注入敷上保鲜膜或烘焙纸的方形模具中。

5 放到冰箱里冷藏2小时，冷却凝固。最后用温热的刀子切开。

米饭年糕片

米饭晾干后，用油炸出来的香脆点心。

还可以搭配樱花虾和芝麻。

非常容易炸焦，所以要用低温慢慢炸。

材料（边长3cm的块状，30块的用量）

米饭……150g

糯米粉……1大匙（10g）

樱花虾……5g

炒白芝麻……1大匙（8g）

盐……1/4小匙

油……适量

制作方法

1 樱花虾大致切碎。

2 米饭倒入碗里，将步骤1樱花虾和剩余的全部材料倒入其中，搅拌。在食材上下敷保鲜膜，用擀面杖压扁。在室温下放置2小时，晾干。时间不充裕的时候，可以用微波炉（500W）加热2分钟，再翻到反面加热1分钟，无需敷保鲜膜。

3 切成3cm左右的块状，用低温的油慢慢炸。炸脆后取出，滤干油。

咖喱年糕片

中间掺入干炒咖喱的薄年糕片。
做成肉味噌和饺子类的味道也不错。
用自己喜欢的配料制作即可。

材料（8个的用量）

中筋面粉……200g
热水……130mL
干炒咖喱（适量）

- A
  - 洋葱……1/2个
  - 大蒜……1/2瓣
  - 姜……1/2片
- B
  - 猪肉末……100g
  - 番茄酱……1/2大匙
  - 盐……少许

色拉油……少许

制作方法

1 将A切碎。肉末炒熟，肥肉变干后加入A，继续翻炒至洋葱变软。加入B调味，翻炒收汁。关火，放置冷却。

2 在中筋面粉中注入热水，用硅胶刮刀快速混合。温度降至可以用手触摸后，再用手搅拌5分钟（不同中筋面粉的水分含量存在差异，面粉较硬时需补充水分，搅拌至硬度与乌冬面相近即可）。

3 将步骤2面团分成8份，揉成圆形，压扁。在圆形面皮上放上2大匙步骤1的馅料，包圆。

4 包好后接缝处朝下放置，用擀面杖轻轻压扁，擀薄。

5 加热油，放入4个咖喱年糕片，两面煎。浇上1½大匙水，盖上锅盖，煎至水汽收干。

6 水汽收干后，揭开盖子，浇上少许油，炸一下。剩余的部分也用同样的方法煎好。

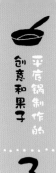
荞麦粉炸苹果

香脆的荞麦粉外皮与油炸苹果特有的酸味搭配得恰到好处。趁热浇上蜂蜜，这才是属于手工和果子的美味。

材料（12块的用量）

苹果（1个）

荞麦粉……30g

水……3大匙

油……适量

蜂蜜……适量

制作方法

1　苹果切成12块，呈月牙形，去核。

2　在荞麦粉中加入水，搅拌后呈浓稠状。

3　将苹果块裹上步骤2的荞麦液，放入中温的油里炸脆。

4　滤干油后盛到盘子里，浇上适量的蜂蜜。

甘薯布丁

以甘薯泥为主要材料，所以不容易出现裂纹，制作方法简单，成品外观诱人。

吃的时候可以浇上自己喜欢的黑蜜，代替焦糖酱。

材料（100mL的容器，6个的用量）

甘薯……200g

砂糖……50g

鸡蛋……2个

牛奶……200mL

黑蜜（参照第54页或市售品）……适量

制作方法

1 甘薯去皮（可以厚一些），然后切成边长2cm的块状。注入水后开火加热，水要没过甘薯。煮至软绵绵的状态时即可倒掉热水。一边加热干烧一边捣成甘薯泥，蒸发完多余的水分后关火。

2 加入砂糖，用叉子捣碎，混匀。

3 依次加入鸡蛋、牛奶，用打蛋器搅拌至顺滑状，注入容器中。

4 在平底锅里注入2cm高的热水，沸腾后将步骤**3**的材料放入其中，盖上锅盖，用小火蒸10分钟。也可以放在蒸锅里蒸。

5 按个人口味浇上黑蜜。可以趁热食用，也可以冷藏后食用。

橘子牛奶寒天

为令人怀念的牛奶寒天增添几分华丽。罐头里的糖浆也要一起冷藏凝固。

材料（4人份的用量）

牛奶……500mL

寒天粉……5g

砂糖……100g

橘子罐头……425g

制作方法

1 水、牛奶各100mL和4g寒天倒入锅里，开火加热，搅拌化开。

2 寒天完全化开后加入砂糖。煮化后用细密的滤网过滤。

3 加入剩余的牛奶，混合。放入冷水里降温，之后注入容器里。

4 将橘子罐头的橘子和糖浆分开。

5 将200mL糖浆和剩余的寒天粉倒入小锅里，煮化后冷却。

6 在步骤3的材料凝固之前放上橘子，注入步骤5的材料。放到冰箱里冷藏凝固。

柿子红豆
粒馅的双
色寒天

两种颜色的组合，色泽鲜艳。
味道香甜，非常适合用做茶
点。

材料（14cm×11cm的方形模具，1个的用量）

寒天粉……1袋（4g）

柿子（去皮、泥状）……300g

砂糖……90g

A [红豆粒馅（参照第46页或市售品）……150g
砂糖……30g]

装饰用叶子（可选）

制作方法

1 柿子放入小锅中。

2 加入砂糖，用小火加热。用木质刮刀混合，熬至分量减少至2/3，呈果酱状。此时总重量约为250g。

3 在另一口锅里倒入1杯水，将一半的寒天筛滤入其中。

4 开火加热，用木质刮刀混合，煮沸。沸腾后继续煮2分钟，至寒天完全化开。

5 加入A，用木质刮刀搅拌顺滑。注入模具中，置于常温下凝固。

6 在另一口锅里倒入1/2杯水，将剩余的寒天筛滤入其中。用木质刮刀混合，煮2分钟。然后加入步骤2的材料，搅拌至寒天完全化开。

7 将步骤6的材料注入到步骤5的材料上方，置于常温下凝固，形成两层。从模具里取出来，切成适口的大小，再放上装饰用的叶子，盛到盘子里。也可以放到冰箱里冷藏。

常备的水果和果子

3

豆奶蛋糊水果蛋糕

梅酒的香味十分吸引人，
口感顺滑，
好吃到停不下来。

材料（4人份）

豆奶……1杯
蜂蜜蛋糕（市售）……80g
混合水果（罐头）……100g
白玉粉……40g

A
精制白砂糖……50g
蛋黄……2个
低筋面粉……1大匙

B
梅酒……1大匙
精制白砂糖……50g

豆奶……2½大匙
薄荷（可选）

制作方法

1 将A倒入耐热的碗里。用打蛋器搅拌顺滑，加入豆奶，混合。

2 敷上保鲜膜，用微波炉（500W）加热5分钟，迅速混合。再继续加热2～3分钟，搅拌，制作出奶油。敷上一层保鲜膜，紧贴在奶油表面，放到冰箱中冷藏。

3 将B和1/4杯水倒入锅里，开火加热3分钟左右，至精制白砂糖完全化开。

4 蜂蜜蛋糕切成一口的大小，浇上步骤**3**的材料，呈凹陷状。滤干水果罐头的糖汁。在白玉粉中加入豆奶，搅拌后揉成小圆形。用热水煮熟之后，倒入盛有少量水的容器里。

5 将步骤**4**与步骤**2**的奶油拼合在一起，再加上薄荷叶。

三种夏橙果皮蜜饯

清爽的糖渍果子。
果皮表面要削得非常薄，
这是让砂糖更加均匀的秘诀。

材料（适量）

夏橙的果皮……3个（270g）

砂糖……360g

A [精制白砂糖……1/2杯

B [精制白砂糖……1/2杯
    肉桂粉……1大匙

C [精制白砂糖……1/2杯
    干薄荷……1大匙

制作方法

1 夏橙纵向切成4块，取出果肉。用刀薄薄地削去一层果皮的表面（也可以用削皮器），再纵向切成宽1cm的长条。

2 将果皮条放入锅中，注入大量的水，用小火煮10分钟左右，使其变软。然后用水冲洗降温，再用大量的水浸泡一晚。

3 砂糖分成3份。将滤干水分的步骤**2**果皮条、1/3的砂糖、50mL的水倒入锅里，盖上锅盖，用小火熬煮。

4 煮干后加入1/3的砂糖，再盖上锅盖，用小火煮软果皮，加入剩余1/3的砂糖。揭开盖子，不停地摇晃锅，煮至汤汁收干。

5 将B、C分别混合。将A、B、C分别放到3个烤盘或扁平的碟子里。将步骤**4**的材料分成3份，趁热用筷子将A、B、C裹在果皮表面。最后盛到其他盘子里，冷却即可。

※ 薄荷经过日晒干燥处理后即是干薄荷。

衍生品

卡波苏香橙蜜饯

材料（适量）

卡波苏香橙的果皮……200g（净重）

砂糖……200g

精制白砂糖（撒在表面）……适量

制作方法

按照夏橙果皮蜜饯的步骤**1～4**制作。将用于撒在表面的精制白砂糖倒入烤盘里，趁热用筷子将A、B、C裹在果皮表面。

TITLE：［はじめてでもおいしく作れる 和のお菓子］

By：［和のお菓子大好き！の会］

Copyright © IE-NO-HIKARI Association, 2016

Original Japanese language edition published by IE-NO-HIKARI Association.

All rights reserved. No part of this book may be reproduced in any form without the written permission of the publisher.

Chinese translation rights arranged with IE-NO-HIKARI Association.

Tokyo through NIPPAN IPS Co., Ltd.

本书由日本一般社团法人家之光协会授权北京书中缘图书有限公司出品并由煤炭工业出版社在中国范围内独家出版本书中文简体字版本。

著作权合同登记号：01-2019-2379

图书在版编目（CIP）数据

和果子100 / 日本和果子大好协会编著；何凝一译.
-- 北京：煤炭工业出版社，2019
ISBN 978-7-5020-7110-3

Ⅰ.①和… Ⅱ.①日… ②何… Ⅲ.①糕点—制作—日本 Ⅳ.①TS213.23

中国版本图书馆CIP数据核字（2018）第288733号

和果子100

编　　著	日本和果子大好协会		译　者	何凝一
策划制作	北京书锦缘咨询有限公司（www.booklink.com.cn）			
总 策 划	陈 庆		策　划	李 伟
责任编辑	马明仁		编　辑	郭浩亮
设计制作	柯秀翠			

出版发行　煤炭工业出版社（北京市朝阳区芍药居35号　100029）
电　　话　010-84657898（总编室）　010-84657880（读者服务部）
网　　址　www.cciph.com.cn
印　　刷　北京瑞禾彩色印刷有限公司
经　　销　全国新华书店

开　　本　787mm×1092mm¹/₁₆　印张　6　字数　80千字
版　　次　2019年6月第1版　2019年6月第1次印刷
社内编号　20181635　　　定价　49.80元